14堂蘋果達人的養成課

作者序

首先感謝碁峯資訊願意與我嘗試不同的蘋果電腦書籍做法，合作推出這本蘋果「故事型說明書」。為什麼要強調故事型？因為我在看過許多市面上的蘋果教學書籍之後，發現大多都是以流水帳的方式撰寫教學，大多是只知其然，而不知其所以然。自從我開始連載蘋果教學專欄「蘋果急診室」，就都是以大篇幅解說該功能的發展歷史，再以較小的篇幅教大家操作方法。我認為比起直接看蘋果官網就能學會的操作教學，徹底瞭解該功能的發展歷史，掌握歷史脈絡與開發理念，是更能有效學習蘋果電腦的使用方式，進而成為一位能活用蘋果產品的高階使用者。

蘋果成立於上世紀的八零年代，三十多年累積下來的公司理念與開發精神並不是三言兩語就能說完的。在漫長的歷史中，蘋果不僅用許多創新產品為我們開創了全新的科技應用模式，同時也深深影響科技市場的發展，說蘋果為我們塑造了今天的科技環境也不為過。從第一台個人電腦、第一台硬碟式隨身聽、第一台平板電腦、第一台易用全觸控智慧型手機，蘋果為我們塑造了全新的科技應用情境；而蘋果為我們帶來圖形化介面與滑鼠控制、流暢的觸控操作，也不斷為我們帶來操作體驗的革新。不管你對蘋果的觀感如何，認識蘋果的發展歷史都有助於你認識近三十年的科技演進，以及我們今日許多科技應用習慣的起源。

近年來我撰寫了數百篇蘋果教學與評論文章，這本書是我專門針對蘋果入門所撰寫的。如果你想更深入認識本書中介紹的功能，可以用「陳寗 + 功能名稱」作為 Google 關鍵字，通常都能找到我寫的教學文章。但蘋果產品那麼多，功能更是多如牛毛，因此如果你找不到需要的教學，也可以到我的 Facebook 粉絲團「陳寗」，或是直接用 Line 傳訊息問我也 OK 喔：http://bit.ly/ningLine

目次 · CONTENTS

LESSON 1 macOS 的誕生

LESSON 2 當今個人電腦的兩大山頭：macOS 與 Windows 有何不同？

LESSON 3 我該如何選購 Mac 電腦？

LESSON

4 認識 macOS 介面，保證瞬間就上手！

LESSON

5 開始使用蘋果電腦！首次開機必備設定指南

LESSON

6 達人操作秘技「快速鍵」、「觸控板」、「Mission Control」

LESSON

7 用 Finder 管理檔案，讓工作效率大提升

LESSON

8 安裝更多軟體，讓你的蘋果電腦更強大

LESSON

9 蘋果最重要的雲端服務「iCloud」

LESSON

12 蘋果電腦也能使用 Windows！

LESSON

13 管理電腦的硬碟與外接磁碟

LESSON

14 蘋果的高貴原廠周邊

macOS 的誕生

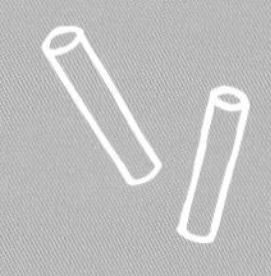

如果你是近十年內才開始接觸蘋果電腦的新朋友，那麼你所接觸到的第一套系統肯定就是現行的 macOS。但你知道嗎？ macOS 不僅不是蘋果的第一個作業系統，甚至還是從別的公司那裡「買」來的，到底這是怎麼一回事呢？

十八年的傳承，源自 1984 年 Macintosh 的介面

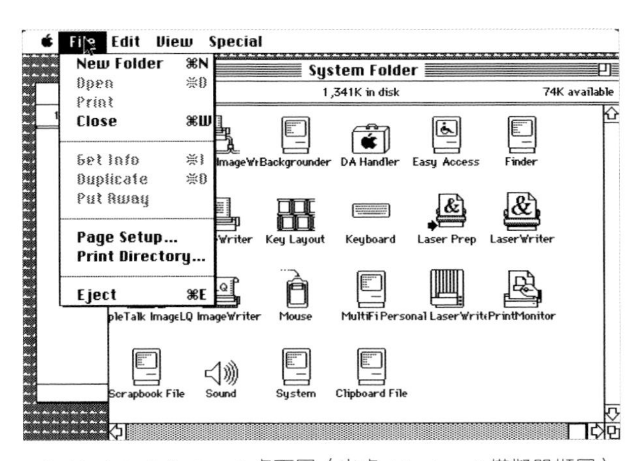

▲ Macintosh System 6 桌面圖（出處：System 6 模擬器擷圖）

最早的蘋果一號、蘋果二號，也就是電影《賈伯斯傳》裡面出現的那台蘋果創始產品，使用的作業系統是完全純文字、跟現行版本 macOS 幾乎完全沒有關聯的作業系統。真正的圖像操作始於蘋果第一台圖形介面主機 Lisa，而我們現在看到的 OS X 介面則源自 1984 年推出的 Macintosh，也就是第二部賈伯斯電影中那台有滑鼠的迷你電腦。

▲ Macintosh 產品圖（出處：維基百科）

蘋果於 1984 年推出首台帶有「Macintosh」名號的圖形介面個人電腦，該電腦配備了從全錄 Xerox「拿」過來的滑鼠、搭配蘋果的最新系統 Mac System Software ，讓即使不懂得電腦指令語法的小朋友也能用最短的時間學會如何操作電腦。圖形介面作業系統 Mac System Software 為蘋果打下往後三十多年的作業系統操作基礎，從位於螢幕最上方的選單列、到從右邊開始排列程式 / 資料的桌面設計等等，都與今天 OS X 的設計有非常大的相似度。

macOS 前身「NeXTSTEP」，賈伯斯的復仇之作

嚴格說起來，現在的 macOS 只是與當時的 Mac System Software 長得很像，但實際上卻是完全不同的系統核心。如果各位熟悉賈伯斯的故事、或是曾經看過賈伯斯的第二部傳記電影，就會知道賈伯斯在 1985 年離開自己一手創辦的蘋果電腦之後，創立了一家全新的電腦公司 NeXT，企圖打造一款擁有強大繪圖能力的高效能電腦與蘋果一爭高下。

▲ NeXT 主機圖（出處：維基百科）

NeXT 從第一台電腦開始就是一場銷售悲劇，僅 4% 的市場目標達成率，讓 NeXT 後來不得不轉型為一家專注於系統開發的軟體公司。先不論賈伯斯在當時是否真如傳記電影所演，創辦 NeXT 是因為預見蘋果未來的衰敗而替回歸蘋果預埋伏筆，我們不可否認在九零年代之後蘋果確實陷入發展困境，且極需一套全新的作業系統替換既有產品。總之，最後在賈伯斯驚人的公關操作實力下，蘋果最終在 1997 年買下賈伯斯的 NeXT 公司，除了讓賈伯斯得以回歸蘋果之外，同時也將 NeXT 最重要的資產「NeXTSTEP」作業系統納入蘋果旗下。

以 NeXT 為核心，賈伯斯再次主導蘋果開發新系統

八零年代初期，蘋果在賈伯斯的領導下將系統部門一分為二：一半是由蘋果共同創辦人 Steve Wozniak 主導的 Apple II 部門、另一半則是賈伯斯領導的圖形化介面部門，也就是前面提到的 Mac System Software。雖然 Macintosh 最終因為銷售數量下滑而間接導致賈伯斯離開蘋果，但往後的 System 7、Mac OS 8、甚至到賈伯斯回歸時的最後一版系統 OS 9，都可說是建立在賈伯斯最初打下的基礎下。

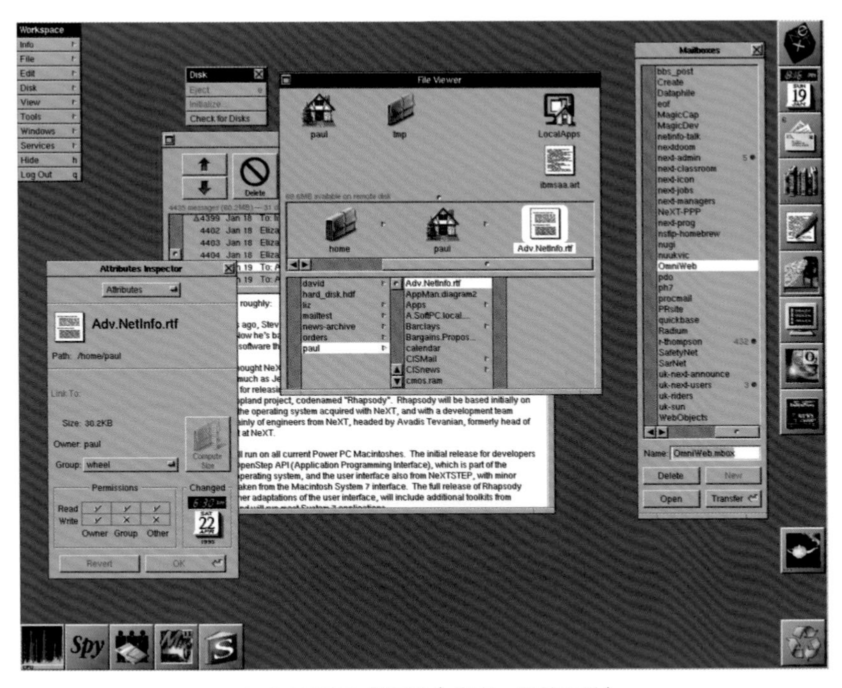

▲ NeXTSTEP 桌面圖（出處：維基百科）

賈伯斯在 1997 年回歸蘋果之後，隨他而來的還有他的得意之作「NeXTSTEP」——擁有優異圖形化介面、極高多媒體支援能力的先進作業系統。NeXTSTEP 在賈伯斯回歸之後成為蘋果 2001 年全新系統 Mac OS X 的開發基礎。我們當前所使用的蘋果系統 macOS 便是從 Mac OS X 歷經多次改版後而來的，在 2001 年 Mac OS X 發表後，蘋果於隔年終結自 1984 年開始發展、擁有近二十年歷史的「Classic Mac OS」作業系統，宣示蘋果作業系統將進入新時代，同時賈伯斯也在隔年的 2002 WWDC 蘋果開發者大會上為 Classic Mac OS 舉行了「葬禮」，在舞台上親自將象徵 Classic Mac OS 的大盒子放入棺材中並朗讀葬禮致辭。今天 macOS 所擁有的許多操作介面特色，例如底部會隨著滑鼠滾動而縮放的程式 Dock、或是現在 macOS 檔案管理 Finder 的瀏覽介面等，都是源自於 NeXTSTEP 的設計。

▲ OS X Dock 螢幕

很多人因為 NeXT 電腦銷售不佳而對這家公司不以為然，但事實上 NeXT 卻擁有今天許多蘋果電腦的特質，例如精雕細琢的電腦主機外觀、漂亮的作業系統介面、驚人的視窗動態效果、以及極為優異的多媒體支援，在當時賈伯斯甚至以「超越時代五年」來形容這台電腦！然而超越世代的作業系統卻得不到相應硬體效能的支持，因此 NeXT 電腦售價極為高昂，只有少數特殊機構才買得起如此高價的電腦主機。

但不管怎麼說，NeXT 無庸置疑是當時除了 Windows 以外極有潛力的作業系統之一，因此最後蘋果還是願意將 NeXT 納入旗下，不論是為了體面召回賈伯斯、或是為了讓蘋果擁有一套令人眼睛一亮的先進作業系統，從今天蘋果在個人電腦的成就上來看，當初蘋果買下 NeXT 並以作業系統 NeXTSTEP 為基礎打造如今系統的基礎 Mac OS X，絕對是蘋果繼推出 Apple II 以後的重要里程碑、也為蘋果燦爛成就打下最重要的基石。

幾乎每年都改版！從貓科動物到美國景點，從每年收費到完全免費

Mac OS X 幾乎每年都會推出新版本作業系統，從 2001 年開始預載於電腦中販售的 Mac OS X 10.0 Cheetah（獵豹）開始，蘋果除了 04、08、10 年三個年度沒有推出新版本系統之外，至 2011 年為止 Mac OS X 都會以貓科動物名稱作為代號發表新改版的 OS X 系統（2013 年開始以美國觀光勝地為名），有時會增加重大新功能、有時則會針對前一版系統做運算優化。舉例來說，Mac OS X 10.5 Leopard 時，蘋果對系統從使用者介面 UI 到系統核心都做了大幅度更改，而兩年後的下一版 Mac OS X 10.6 Snow Leopard 就不做大幅修改，而是將 10.5 Leopard 的運作效能做優化，與 iPhone 6 隔年就推出運行速度更快的 iPhone 6S 是一樣的概念。

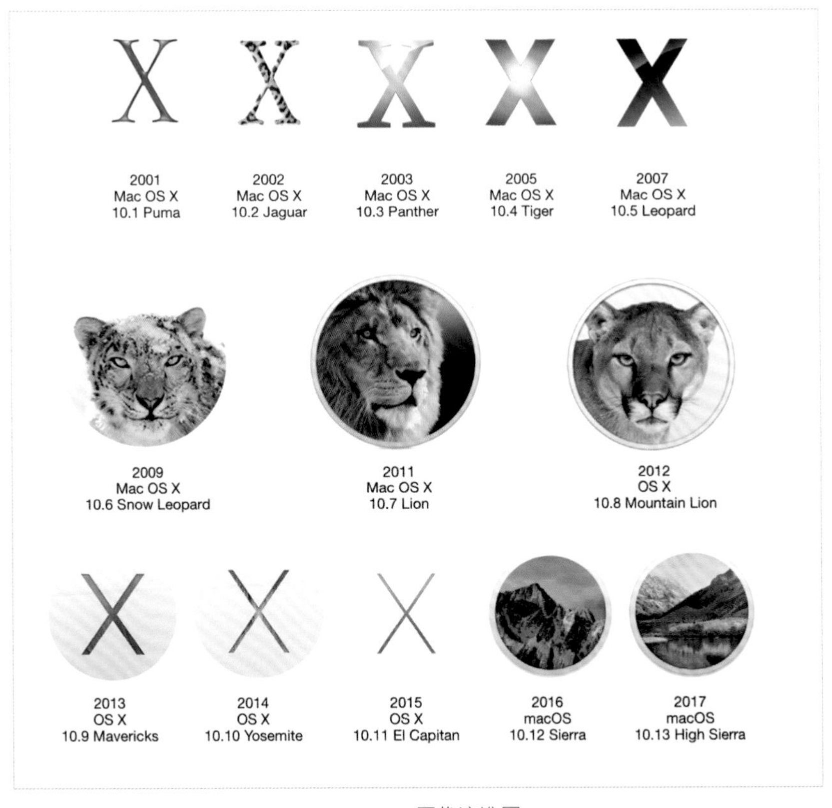

▲ macOS 歷代演進圖

在 2001 年以前的最後一版蘋果系統名叫 Mac OS 9，是前面說過的 Classic Mac OS 最終版本。在同一年發表的新系統被稱為 Mac OS X，這上面的「X」並不是英文 xyz 中的 x，而是羅馬數字的 10，因此你會聽到外國人說 Mac OS「ten」，而不是 Mac OS「X」。然而從 2012 年時蘋果將 Mac OS X 改名為 OS X，拿掉用了二十多年的 Mac 名字，並於隔年將用了十年的貓科動物命名規則改為加州知名景點，發表了 OS X 10.9 Mavericks。不過這個名字並沒有維持太長的時間，2016 年時為了與其他裝置的作業系統 iOS、watchOS、tvOS 等名字統一規則，將 OS X 改名為「macOS」，從系統全名上捨棄「X（10）」這個版本號碼，只剩下 macOS 10.xx（例如 macOS 10.13 High Sierra）的版本號上還看得到延續自 Mac OS 9 的痕跡。

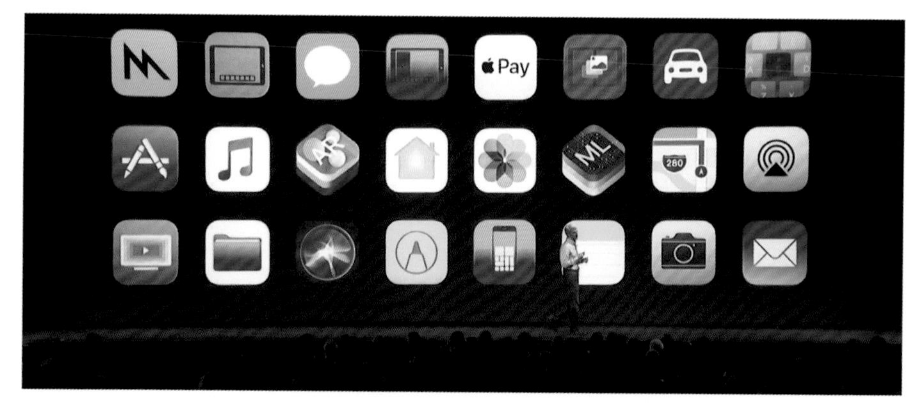

▲ 發表會上的更新項目（出處：蘋果官網影片）

由於幾乎每次的更新改版都會帶來前一版所沒有的神奇功能、大幅修正前一版的系統錯誤、以及最後會列在發表會投影片上但多數人都不知道的「數百項更新」(如上圖)，因此每年 WWDC 蘋果開發者大會之後果粉們都會開始期待新系統的推出，且往往都會在新系統推出後立刻更新導致蘋果每年都需要加大 App Store 頻寬以避免下載塞車，這與 Windows 到現在還有人堅守 Windows XP 是非常兩極的現象。

雖然 Mac OS X 歷經 OS X、macOS 兩次改名，但其實 macOS 一直都是沿用固定的系統版本命名規則。所有的蘋果電腦作業系統上，除了前面說過的貓科動物（如 Tiger、Lion）、加州景點（如 Mavericks、Yosemite ）命名之外，macOS 還會加上自 2001 年延續至今的數字版本編號，例如第一版 Mac OS X 10.0、2017 年最新系統 macOS 10.13。另外在每一版的常態系統更新中，如果遇到較為重大的更新還會在後面加上第三位數字，如現行最新更新 10.12.3，就是代表 macOS 10.12 系統在下一版 macOS 10.13 推出之前的第三版重大更新。由於名字的順序並不是很好記，因此多數人在辨別系統版本時還是會以數字來區分，這點必須特別注意。

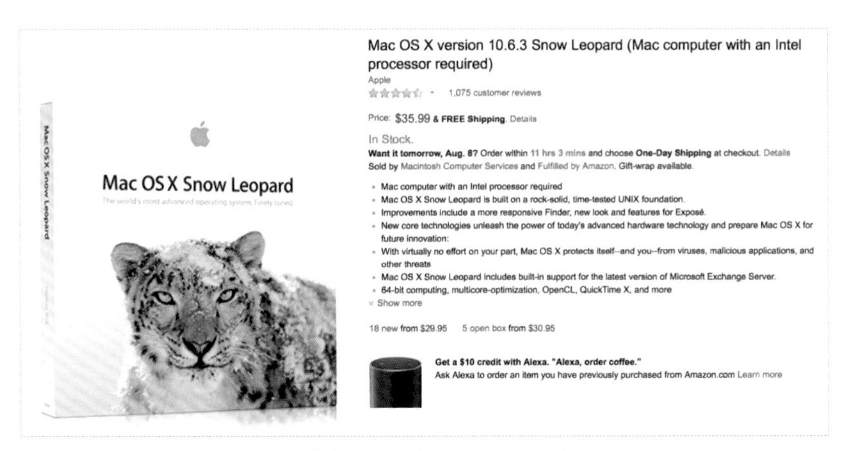

▲ 更新光碟售價圖（出處：Amazon 商品頁面）

原先 Mac OS X 更新是要錢的，因此每年蘋果使用者都必須「上貢」新台幣 690~990 不等的金額購買系統光碟。過去 Mac OS X 都必須購買系統光碟來安裝，但從 Mac OS X 10.6.6 更新中加入 Mac App Store 之後，下一個版本 Mac OS X 10.7 就開始全面改採 App Store 購買下載更新的方式處理，但為了服務網路連線不佳的使用者，蘋果也曾推出內裝 Mac OS X 安裝程式的系統安裝隨身碟。由於隨身碟上面印有蘋果圖案，算是蘋果唯一一次推出的官方版本隨身碟，因此直到今天仍能在網路上買到內容被清空，可以直接當成 USB 隨身碟使用的二手品。

▲ macOS 免費升級 App Store 圖（出處：Mac App Store）

到了 2013 年，蘋果在 App Store 上的銷售額突破 100 億美元，依照開發者拆帳比例，相當於蘋果在 2013 年靠著銷售 App 進帳超過 30 億美元現金。對蘋果來說，銷售作業系統已不再是重要收入來源，相反地，蘋果更希望能藉由擴張 Mac 電腦使用者來增加 App 收益。因此從 10.9 Mavericks 開始，蘋果不再對作業系統更新收費，而是改為提供免費更新服務，讓使用者更新系統的比例大幅增加。此外，蘋果同時也靠著免費的 iLife、iWork 等軟體，大幅提升蘋果的使用者滿意度，加強蘋果使用者的黏著度。除了 App Store 所帶來的鉅額收入之外，蘋果由於一向以硬體高毛利來擴張收入，因此系統免費、軟體免費的開銷都能從硬體上賺回來，對於其他將毛利殺到見骨的競爭對手來說完全是無法想像的事情。

LESSON

2 當今個人電腦的兩大山頭：macOS 與 Windows 有何不同？

今天我們幾乎在每個場合都可以看到蘋果電腦，但並非一開始就是如此盛況。2001 年蘋果推出新一代作業系統 Mac OS X 之後，再次陷入與過去 NeXT 類似的困境：電腦太貴、買的人太少。

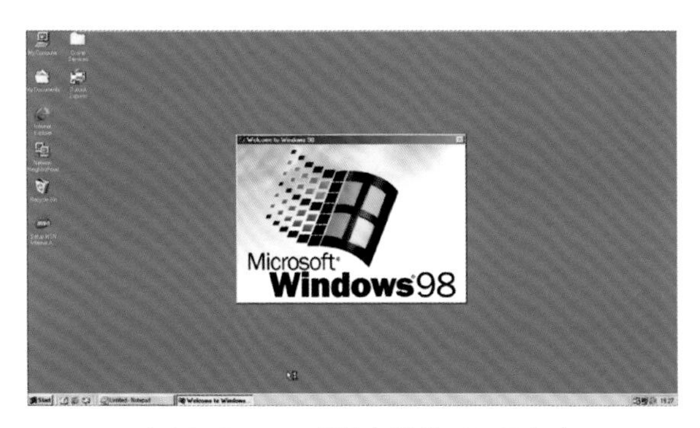

▲ Windows 98 桌面（出處：YouTube）

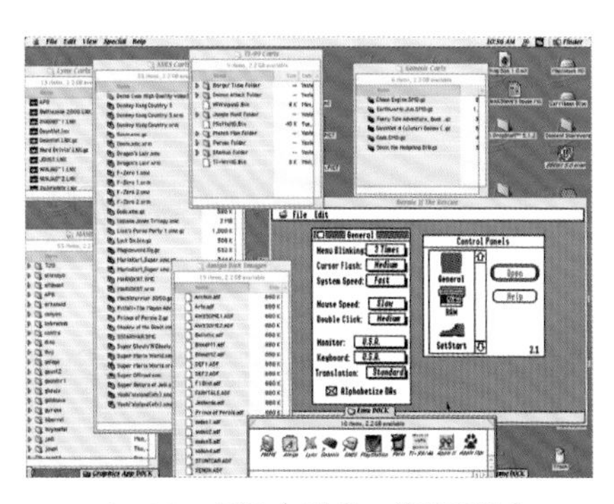

▲ OS 9 桌面（出處：維基百科）

雖然今天蘋果電腦依然算是售價高昂的個人電腦，但在過去 Windows 獨霸市場的年代，要一個用慣微軟 Windows 的人跳入從未接觸過且各方面軟體支援度都差很多的未知系統，是一件非常困難的事情。儘管從一開始賈伯斯就與比爾蓋茲妥協，將微軟的重要軟體如 IE、Office 等帶入 Mac，但相對高昂的售價以及需要重新學習等問題仍然是蘋果推廣個人電腦的阻礙。

能裝 Windows 的蘋果電腦

這個情形到了 2006 年終於有了轉機，因為蘋果正式放棄與 Motorola 摩托羅拉共同研發的 PowerPC CPU，改為與 Windows 主機相同的 Intel 架構。這一轉變讓蘋果電腦的全系列主機獲得一個非常重要的功能：安裝 Windows。

▲ 發表會「It's True」（出處：YouTube）

從賈伯斯回歸蘋果以來，在 Jonathan Ive 的主導下推出一台又一台令人眼睛為之一亮的電腦，在電腦普遍醜不拉嘰的二十一世紀初成為世界上最漂亮的電腦選擇。然而正如前面所說，必須學習新系統、軟硬體支援度較差等特性讓使用者難以毅然投入蘋果電腦的世界裡。但在採用 Intel CPU 架構之後，蘋果電腦變成一台除了外型依然是「蘋果」、但內在架構卻與一般市售筆電沒有兩樣的主機，這個特點使得蘋果電腦能直接原生安裝 Windows 作業系統，讓那些只想要蘋果外觀、但又不想學習新系統的使用者能在不需顧慮任何支援問題的情況下跨入蘋果。

2006 年時賈伯斯在蘋果開發者大會 WWDC 上秀出了致敬 Intel 當年 Logo 設計的「It's True」投影片，正式宣告蘋果捨棄 PowerPC，改採 Intel CPU 架構。同一時間，賈伯斯也揭露蘋果一直都有將 Mac OS X 挪至 Intel 架構的打算，甚至以「Secret Second Life」來戲稱這四年多來的 Intel 版 Mac OS X 的發展歷程。根據日本記者林信行（Nobuyuki Hayashi）的報導，Sony 前總裁安藤國威（Ando Kunitake）在 2001 年時曾與賈伯斯進行談判，就著一台運行 Mac OS X 的 Sony VAIO 筆電商討將 Mac OS X 放在 Sony 筆電上運行的計畫，不僅證實蘋果一直都有將 Mac OS X 放在 Intel 電腦上運行的打算，甚至該計畫的進行還早於第一版 Mac OS X 發表的日期。

當年還不夠茁壯的蘋果曾企圖將作業系統授權給 Sony 來取得收益，沒想到在蘋果發展如日中天時，Sony 反而結束了自己的筆電 VAIO 系列，真令人不勝唏噓。

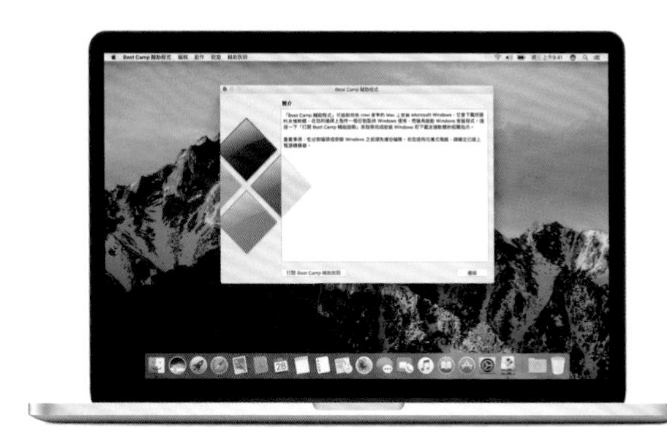

▲ BootCamp（出處：蘋果官網）

藉由「能裝 Windows」的特性，再加上買電腦免費送你 macOS（Mac 電腦免費搭載該年度最新版系統），讓使用者在知道自己隨時能將電腦轉換成 Windows 筆電的情況下，不僅不再害怕嘗試 macOS，爾後隨著 iPhone、iPad 等熱銷產品的推出，更直接推動 macOS 的普及。今天儘管 macOS 的市佔率依然無法與 Windows 一較長短，但也完全稱霸除了 Windows 以外的個人電腦作業系統市場，再加上現在與手機平板作業系統 iOS 高度整合，使 macOS 不再是讓人視之為畏途的作業系統，而是讓那些厭惡、受夠 Windows 系統使用者的另一選擇。

硬體架構相同，系統「軟體」本質卻不相同

蘋果與微軟的競爭從 1980 年代開始就從來沒有停止過，即便中間因為賈伯斯回歸而有短暫的合作時期，但綜觀其歷史，兩者之間仍多是屬於競爭對手的關係。

雖然在 2006 年以後，蘋果電腦的主機硬體架構已經與一般 Windows 電腦沒什麼太大差異，但一直到今天，微軟與蘋果的作業系統依然有本質上的差異——兩者採用不

同的作業系統核心。蘋果從第一版 Mac OS X 開始採用了與微軟的 Windows NT 架構不同，改寫自類 UNIX 系統 FreeBSD 的核心「Darwin」，Mac OS X 與 Windows 不僅系統核心不同，兩者在圖形化介面的視覺繪圖引擎上也毫無關聯！一般來說，除非該軟體一開始就是以跨平台程式語言如 Java 等撰寫，否則 macOS 完全不支援 Windows 軟體，這也是為什麼現在依然有許多線上遊戲無法在 macOS 上執行，正是因為兩者的作業系統從核心到外皮都完全不同的緣故。

▲ 虛擬機螢幕

當然，如今要在蘋果電腦上執行 Windows 軟體已非難事，用前面說過的「Bootcamp 安裝 Windows」、或是本書後面會教到的「虛擬 Windows」等方法都可以執行視窗軟體，也可以玩 Windows-Only 的遊戲。只是這樣可能會造成系統緩慢（虛擬 Windows）、或是需要重新開機才能使用（Bootcamp 安裝 Windows），方便性上終究還是不如原生 Windows 的一般筆電（使用 Windows 教學請見本書第 12 章）。好在如今越來越多軟體、遊戲開始支援 macOS，文件資料支援度大幅提高、再加上雲端服務（如 Google Doc）已逐步取代既有的軟體如 Word、Excel 等，在未來 Windows 與 macOS 之間的鴻溝將會越來越小，使用 macOS 也就越來越不需要擔心與別人會「合不來」了。

小故事：差點變成 Sony 專屬系統的蘋果 Mac OS X

在 2006 年以前，蘋果電腦採用與 Intel CPU 截然不同的 PowerPC 架構，因此 Mac OS X 系統的核心並無法在 Intel 架構的電腦上執行，使得 Mac OS X 一直是蘋果電腦獨有的作業系統。事實上過去蘋果也一直宣稱 Mac OS X 就是一款為 PowerPC 而生的作業系統，對於 PowerPC 架構的支持度也一向是不遺餘力地推出新產品來鞏固市場。

前面說過，在 2006 年賈伯斯發表 Intel 架構蘋果電腦之後，大家才知道原來 Mac OS X 從來都不像蘋果所說的那樣「PowerPC 限定」，甚至在發表會上賈伯斯還宣稱 Mac OS X 在 Intel 架構上能獲得更好的運算效能與執行效率。這到底是怎麼回事呢？

▲ 賈伯斯於發表會說明 Intel 架構（出處：YouTube）

原來蘋果在 2001 年推出全新作業系統時，賈伯斯其實還另外秘密開發了 Intel X86 版本的 Mac OS X！當時一位蘋果系統工程師僅花了一個晚上，就將被視為「PowerPC 限定」的 Mac OS X 裝進當時的旗艦款 Sony VAIO 筆電裡，賈伯斯得知消息之後彷彿如獲至寶，認為這將是一個「與 Sony 合作的大好機會」，立刻帶著那台裝有 Mac OS X 的 Sony VAIO 筆電前往夏威夷與 Sony 前總裁安藤國威進行談判 —— 希望將 Mac OS X 授權給 Sony 作為未來 VAIO 的預載作業系統。

▲ Sony Vaio 筆電（出處：Sony 官方商品圖片）

後來我們已經知道，Sony 拒絕了這項提議，並在 2014 年將 VAIO 部門出售、結束 Sony 自己的筆電事業，而蘋果則在 2006 年正式推出 Intel 版本 Mac OS X，藉此持續推出電腦主機並打造出一項又一項極為經典的工業設計。

兩家科技產業巨頭的事業發展在十四年後出現如此巨大的反差，不禁讓人想問，如果當初 Sony 接受了賈伯斯的提議，今天 Sony VAIO 還會存在嗎？如今的蘋果還會是那家榮膺全球最值錢企業的科技龍頭嗎？

LESSON 3 我該如何選購 Mac 電腦？

看完 Mac OS X 的發展故事，也瞭解了 Windows 與 Mac 的不同之處，想必你已經迫不及待要擁有一台屬於自己的蘋果電腦了吧？不過打開官網一看，蘋果電腦居然高達七種選擇，再加上那些螢幕不同、硬體不同、特殊客製化等差異，可選的數量居然有二十幾種！買蘋果也太困難了吧！

別擔心～請不要被蘋果官網那多元的選項給嚇著了，蘋果電腦從系列來看其實只有七種而已，多出來的選項只是針對不同預算、不同效能需求的玩家所設計的。本章將從七個不同系列開始，告訴大家該如何從不同系列中找出適合自己的主機，再進入硬體規格差異，告訴大家該如何依自己的需求選購。

蘋果電腦有七種，特性效能大不同

目前的蘋果電腦共有七個系列，分別是筆電 MacBook、MacBook Pro with Touch Bar、MacBook Air 以及桌機 Mac Pro、iMac、iMac Pro、Mac mini。這七個系列推出的時間各不相同，有些甚至曾經停產一段時間之後才再推出後續機種，例如目前最輕薄的蘋果筆電 MacBook 就曾在 2009 年停產、直到 2015 年才又以全新樣貌推出。

蘋果七個系列的主機是概括整個電腦需求市場的七員大將，在幾乎沒有市場重疊的準確設計下，其實完全不需要太多的煩惱就能搞定，只要搞清楚七種主機的特性、以及目標市場，任何人都可以輕鬆地從中挑選適合自己的電腦主機。

又輕又薄的小可愛：MacBook

▲ New MacBook 產品圖（出處：蘋果官網）

從 2006 年推出到 2011 年停產為止，MacBook 從一開始的蘋果最小筆電、再到蘋果最便宜筆電，先是被 MacBook Air 擠下輕薄寶座、接著又被 MacBook Pro 13 吋取代地位，使得 MacBook 到了 2009 年已成為產品線上雞肋一般的存在，身為蘋果當時唯一的塑膠外殼產品，更使 MacBook 成為環保組織們窮追猛打的過街老鼠。雖說中間在 2008 年時曾推出鋁合金版本的 MacBook，但最後仍在 2011 年推出末代白色塑膠 Unibody MacBook 之後便宣告停產。

▲ MacBook 小白產品圖（出處：蘋果官方商品圖片）

現在的 MacBook 一般被稱為 New MacBook 或 MacBook 12 吋，雖說與過去的 MacBook 同名，但本質上卻有很大的不同。過去的 MacBook 原先是唯一 13 吋小螢幕筆電，是取代 iBook G4 與 PowerBook 12 吋的產品。但是後來推出更為輕薄的 MacBook Air 後，MacBook 便成為入門版的便宜筆電，甚至一度是平價教育市場的寵兒。然而現在新版

MacBook 卻是從一開始推出就以高過 MacBook Air 入門版售價的 NT$41900 打破「低價入門蘋果筆電」傳統，市場定位與前一代 MacBook 截然不同，更讓 MacBook Air 從高單價輕薄筆電的寶座摔落，使 MacBook Air 反過來成為蘋果最入門最平價筆電，成為平價教育市場新寵，讓人頗有「只聽新人笑，哪聽舊人哭」的感覺。

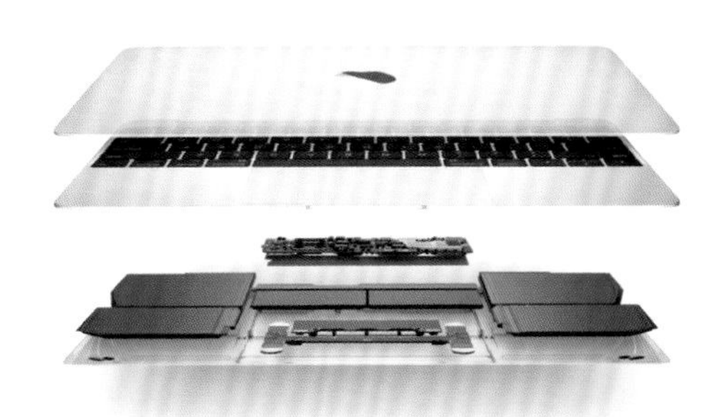

▲ MacBook 無風扇圖（出處：蘋果官網）

New MacBook 採用 Intel 低耗能 CPU，極低的發熱量讓 MacBook 得以移除風扇，成為一台完全沒有風扇等機械結構的靜音主機，完成了賈伯斯當初希望推出無風扇靜音電腦的夢想。由於移除了風扇結構、CPU 耗能大幅下降，再加上蘋果以優異的工業設計能力打造出令人驚訝的超輕薄結構，使 New MacBook 成為蘋果最輕薄、最易攜帶的筆電。

那什麼人適合購買呢？

由於 New MacBook 採用低耗能 CPU，因此效能是所有蘋果電腦中較差的，大約等同於七年前的旗艦訂製款 MacBook Pro。儘管 CPU 效能在蘋果家族中排居最末，但憑藉著 PCI-E SSD 超過 700MB/s 的超高速硬碟讀取速度，反而讓 New MacBook 的操作流暢體驗更勝七年前的旗艦訂製款 MacBook Pro。有鑒於今天仍有人以超過七年的老 Mac 作為工作主力，足見以日常的文書處理、上網看影片、甚至照片修圖等用途來說，MacBook 依然足以勝任這些工作，再加上 MacBook 搭載漂亮的 IPS 面板超高解析 Retina 螢幕，因此顏色、畫質都遠勝過同樣以輕薄著稱的 MacBook Air，不管是輕薄便攜或視覺體驗，都讓 New MacBook 將 MacBook Air 打得滿地找牙。

New MacBook 適合不需要高效能（例如影片剪輯），且希望能輕鬆帶著電腦到處跑的人使用。不過 MacBook 價格並不便宜，因此是否要砸錢下手購買，那就要看你有多追求輕薄、或是有沒有那麼在意漂亮的螢幕囉～

影音專業人士的高效能筆電首選：MacBook Pro Retina with Touch Bar

▲ MacBook Pro with Touch Bar（出處：蘋果官網）

自蘋果捨棄 PowerPC 架構後，蘋果的頂級筆電也從原先的名稱 PowerBook 改為 MacBook Pro。原先的 MacBook Pro 只有 15 吋與 17 吋兩種選項，但為了承接小白 MacBook 即將停產的空缺，蘋果推出了 13 吋鋁合金 MacBook Pro 替代。雖然 13 吋筆電被稱為 MacBook Pro，但實際上卻跟 MacBook 沒什麼兩樣：效能較 15 吋 MacBook Pro 低的 CPU，以及不具備獨立顯示卡。到了 2011 年時，蘋果停產自 PowerBook 時代便開始生產的 17 吋筆電，僅保留 13 吋與 15 吋兩種尺寸的 MacBook Pro。

2012 年，蘋果首次在筆電上推出概念源自 iPhone 的超高解析 Retina 視網膜 IPS 面板螢幕，讓畫質與色彩表現甚至勝過許多桌機用的高階螢幕。蘋果同時更改 MacBook Pro 的內部結構設計，打造散熱更好、更輕薄的 MacBook Pro Retina。此一系列由前一代配備光碟機的 MacBook Pro 13 吋 / 15 吋改款而來，最大的差異在於搭載 Retina 高解析度螢幕，捨棄傳統機械硬碟全面改採 PCI-E SSD 以加速電腦效能，並且重新設計內部架，構使兩種尺寸的筆電無論體積或重量都遠勝過前代產品。

▲ TouchBar（出處：蘋果官網）

MacBook Pro Retina 在經過四年的銷售後，蘋果再次將它大幅度升級：加上全新操作概念的新輸入介面「Touch Bar」與源自 iPhone 的指紋辨識系統 Touch ID。Touch Bar 是一片配置在鍵盤最上方的長條形 OLED 觸控螢幕，蘋果將鍵盤上原有的 F1 ～ F12 按鈕移除以放置 Touch Bar。這條位於鍵盤上的觸控螢幕會隨著應用程式而改變上面的按鈕，例如在使用 Photoshop 時，就能直接在螢幕上顯示顏色調整拉條，讓使用者直接用手指拖動來改變顏色，讓各種快捷功能操作更為直覺，同時也擺脫 F1 ～ F12 僅有十二種功能的限制，讓 MacBook Pro 在工作應用上更為便利與人性化。此外，MacBook Pro with Touch Bar 同時也配備了用於解鎖的 Touch ID 指紋辨識器，除了讓使用者可藉由指紋解鎖電腦，同時也提供線上刷卡時的 Apple Pay 驗證之用。

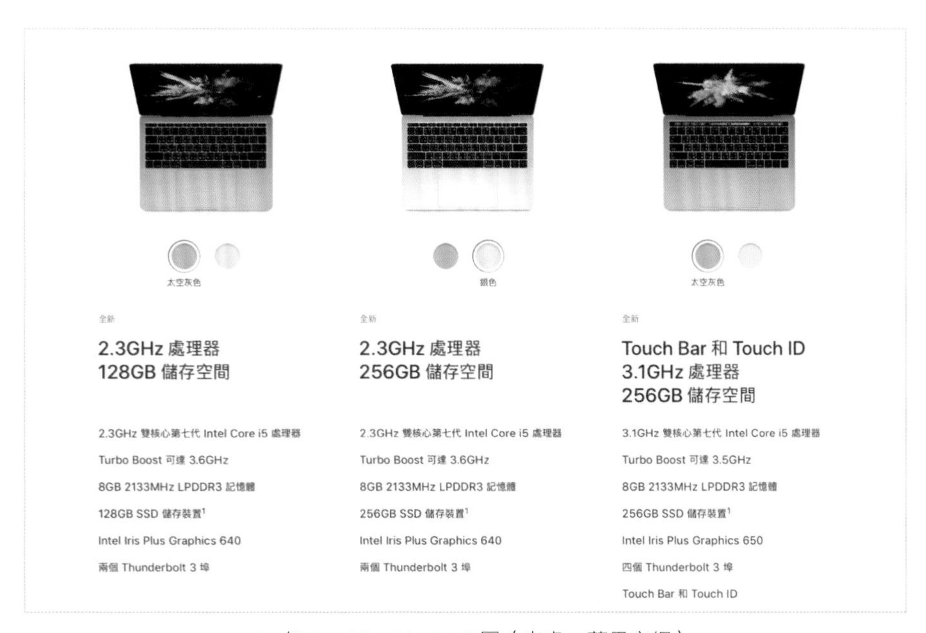

▲ 無 TouchBar MacBook 圖（出處：蘋果官網）

除了有 Touch Bar 的版本之外，MacBook Pro 目前仍保留沒有 Touch Bar 的版本，除了鍵盤配置少了 Touch Bar 觸控螢幕外，售價也低廉許多。不過根據蘋果過往的經驗，這種沒有 Touch Bar 的版本隨時都有可能因為改款而被移除，所以如果你仍想要購買舊式鍵盤的機種，建議你一定要隨時關注蘋果產品消息才不會因為停產而錯過。

MacBook Pro 繼承 PowerBook 特性，都是蘋果筆電產品中擁有最高效能的專業型電腦，無論是影音剪輯、照片修圖、數位繪圖等，MacBook Pro 都能提供強悍的效能讓使用者能安心完成所有工作，是專業人士的行動工作站。目前蘋果提供兩種尺寸（13/15 吋）選擇，兩者除了螢幕尺寸大小不同之外，效能也有很大差異。目前只有 15 吋版本擁有獨立顯示卡與四核心 CPU，因此如果你有 3D 運算的相關需求，那麼 15 吋就是你唯一的選擇了。

輕薄與效能的妥協之作：MacBook Air

▲ MacBook Air 產品圖（出處：蘋果官網）

MacBook Air 是蘋果輕薄筆電的代表，2010 年賈伯斯從牛皮紙袋中抽出超薄筆電的畫面至今仍讓人難以忘懷。原先 MacBook Air 是與 MacBook、MacBook Pro 13 吋做出區隔的產品，超輕薄外觀、相對低落的效能，都與今天的 New MacBook 有著異曲同工之妙。2010 年 MacBook Air 首次發表時，市場上最輕薄的筆電為 Sony VAIO TZ 系列，賈伯斯在發表會上指出 MacBook Air 機身上最厚處仍比 Sony vaio TZ 機身最薄的位置還要更薄，至此奠定了市場上最輕薄筆電的地位。MacBook Air 啟發了微軟與 Intel 合作推出 UltraBook 超薄筆電概念，並交由各大筆電廠商推出一系列的超輕薄筆電產品，例如華碩 Asus 的 Zenbook 就是在此一概念下的產物。

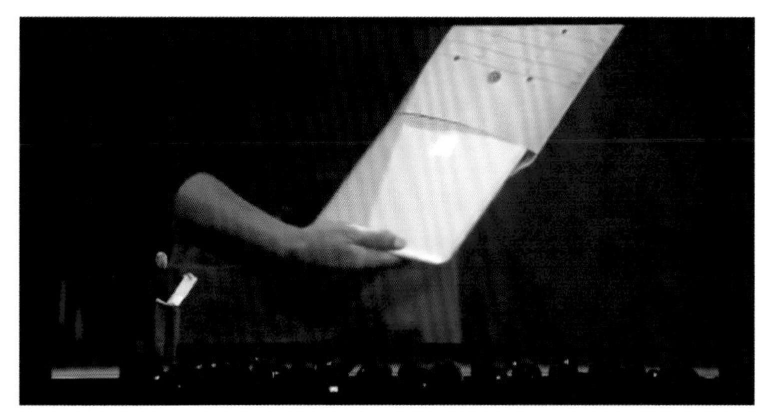

▲ Steve Jobs 從紙袋抽出 MacBook Air（出處：YouTube）

但隨著減輕又變薄的 MacBook Pro Retina 推出，使得 MacBook Air 的輕薄不再是壓倒性的優勢。因此蘋果重新規劃 MacBook Air，為其帶來三大特點：最便宜的筆電、超長電池續航力與不輸給 13 吋 MacBook Pro 的效能。MacBook Air 13 吋擁有近十二小時的電池使用時間，是蘋果筆電中最長的；CPU 部分 MacBook Air 則提供最高達 Intel Core i7 的選項，讓 MacBook Air 同時擁有電池長效與高效能這兩個其他筆電沒有的特性。

不過 MacBook Air 的螢幕採用的是蘋果家族中最低階的面板，解析度、色彩等表現都遠遜 MacBook Pro Retina 與 New MacBook，因此 MacBook Air 適合整天都在外頭跑的業務、學生、或是不需要漂亮螢幕但又希望有高效能的使用族群。另外，MacBook Air 是目前入門價最低的蘋果筆電，如果預算有限又想體驗蘋果，MacBook Air 也會是非常好的選擇。

令人困惑的筆電選購問題：MacBook Air 13 還是 Pro Retina 13 ？

其實筆電選擇很簡單，因為三個系列的屬性非常鮮明，選擇並不困難。唯一可能會有疑慮的大概只有「MacBook Air 13 吋與 MacBook Pro Retina 13 吋」。這個問題其實是蘋果在 MacBook Air 大改款之前的小小產品線重疊問題，算是過渡時期才會有的現象。其實只要看規格就能明白兩者的差異：MacBook Air 雖然號稱最輕薄 13 吋筆電，但在 MacBook Pro 改款為 Touch Bar 版本之後，重量就只跟 MacBook Air 相差二十多克，約莫兩個十塊錢 ... 也沒差多少。因此除非你真的追求售價便宜，但又需要修圖、繪圖、剪輯影片，否則 MacBook Air 所謂的輕薄在 MacBook Pro Retina 之前是完全沒有任何壓倒性優勢的。兩者最大的差異，其實還是在螢幕跟電池上，因此你唯一需要考處的，就是要 Retina 鮮豔高解析螢幕（MacBook Pro 有 Retina 視網膜螢幕），還是要電力長效（MacBook Air 電力十二小時）了。

最便宜最省電的入門桌機：Mac mini

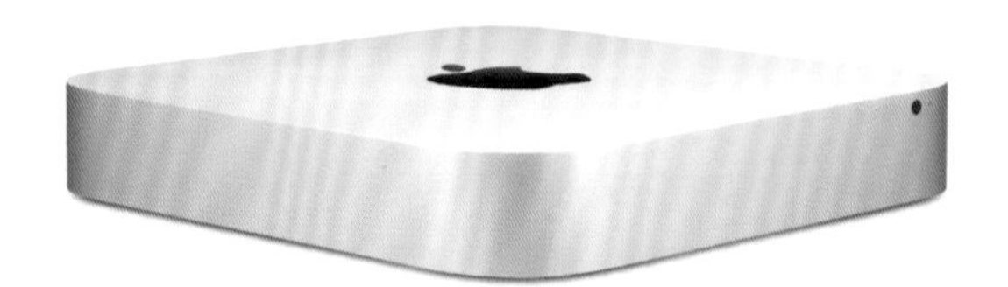

▲ Mac mini 產品圖（出處：蘋果官網）

相較於 MacBook Air 這種「小老弟」，Mac mini 可算是蘋果電腦家族中的老將了。早在 2005 年還在使用 PowerPC CPU 的時代，Mac mini 就已經推出了 PowerPC G4 的版本，並以最便宜且最小台的 Mac 作為主要賣點。如今 Mac mini 依然是最便宜的 Mac 桌機選擇，只要不到一萬六就能買到。不過如果你以為這表示 Mac mini 都是些效能低落的爛電腦那可就大錯特錯囉！現在的 Mac mini 入門版就已經配備 Intel Core i5 CPU，如果選購最高級的版本甚至還可上到 i7 呢！

▲ Mac mini 外接顯卡（出處：蘋果官網）

此外，從最新版系統 macOS 10.13 以後，蘋果將開始支援 ThunderBolt 外接顯示卡 eGPU，只要願意花錢，就算是最新型的顯示卡皇也都可以透過 ThunderBolt 來連接使用。因此 Mac mini 只要配置得宜，要作為修圖影音剪輯的主力工作電腦也不是不可能的事情。此外，由於 Mac mini 原先設計就是以待機低耗電為優先，所以也是用來架設自用雲端或網站的好幫手，只要在 Mac App Store 上購買售價 NT$590 元的蘋果官方伺服器 App「Server.app」，就能直接將 Mac mini 變身為網站伺服器使用，非常簡單。

Mac mini 本身沒有螢幕，包裝裡也不含鍵盤、滑鼠，因此除了電腦的價格還需要再加上添購螢幕與鍵鼠組的錢，不過 Mac mini 搭配的螢幕、或是鍵鼠組，都沒有限定要使用蘋果原廠的產品，因此你可以購買最便宜的螢幕＋鍵鼠組來搭配，一套全新的 Mac 電腦不用兩萬就能組起來囉！不管你是要用來當伺服器、或是單純不想花那麼多錢在電腦上，Mac mini 都是你的最好選擇。

從入門到專業都適用，螢幕主機 All in one：iMac

▲ iMac 產品圖

iMac 與 Mac mini 是目前全系列蘋果電腦中唯二從未改名的「元老」桌機，其他從 MacBook 到 Mac Pro 都曾歷經 Power → Mac 的改名歷程，唯獨 iMac 從 1998 年推出以來從未改過名字，只有在後面加上 G3、G4、G5 之類的「型號」。

iMac 最大的特徵就是「螢幕＋主機 All in one」，這個特點從 1998 年第一代 CRT 螢幕 iMac G3 就沒變過，爾後又歷經暱稱檯燈機 iMac G4、以及奠定現在外型基礎的 iMac G5 等，每一代的 iMac 主機核心都比上一代還要更小一些，直到現在達到邊框厚度不到一公分的驚人尺寸，可說是蘋果電腦中最能展現蘋果工藝、結構設計實力與當代設計語言的產品。

▲ iMac G4 2002 年歷史產品圖（出處：蘋果官方商品圖片）

目前 iMac 有三種選項，21.5 吋以及 Retina 視網膜螢幕版 21.5/27 吋。前後兩種除了螢幕尺寸不同之外，最大的差異就在於是否配備 Retina 面板，也就是現在最夯的 4K（21.5 吋）/ 5K（27 吋）高解析螢幕。兩種面板的解析度不一樣，有 Retina 版本的 iMac 就跟 MacBook Pro Retina 一樣，都擁有用肉眼幾乎看不出像素點的驚人畫面，對於講究高畫質、或是專職剪輯 4K 影片的影片剪輯師來說，Retina 版本的 iMac 就是最好的選擇了。

兩種面板的 iMac 價格由於面板與內建硬體配置不同而有六千元起跳的差距，但實際上以桌機的使用距離來說，卻未必人人都看得出是否配備 Retina 面板的差異，且現在 27 吋 iMac 已經取消沒有 Retina 的版本了，足見蘋果已將非 Retina 版本視為平價推廣用機種，屬於隨時都有可能完全停產的產品，一如當初的無 Retina 版 MacBook Pro 一般，約莫苟延殘喘個兩三年就會從市場上消失。到底要不要買 Retina 版本，我建議你直接依需求與預算，實際走訪蘋果專賣店親眼看看再做決定囉！但我認為，無 Retina 版的 iMac 硬體配置（CPU 僅雙核心）、螢幕面板都比較差的情況下，僅僅六千的差距實在不划算，再加上現在台灣蘋果官網也開始提供零利率分期付款，因此就我個人來說，一點都不建議購買 iMac 無 Retina 版本。

另外，雖然只要 NT$37900 就能買到 iMac ，但請千萬不要誤以為 iMac 跟 Mac mini 一樣只是台入門電腦。事實上 iMac 在選購最高規格並透過官方網站客製化之後，不僅價格能輕易飆破十萬大關，甚至效能表現還遠勝過已經好幾年沒更新的 Mac Pro 呢！如果你有十來萬的預算，而又希望能獲得預算內最好的效能表現，那 iMac 頂規客製款就是你的最好選擇了。

蘋果的一代性能王者，卻因長期不更新而顯得落伍：Mac Pro

▲ Mac Pro 產品圖 1（出處：蘋果官網）

Mac Pro 的前身叫做 Power Macintosh，首次推出時間為 1994 年，在早期曾推出橫式、直立式等不同外型，且外觀設計也不像現在這樣充滿設計感，反而更像是一台普通的 PC 桌機。但在賈伯斯回歸蘋果並由 Jonathan Ive 主導設計之後，Power Mac 就脫胎換骨，變成一台漂亮、精緻的大型主機。過去 Power Mac 會隨著 CPU 更新而換名字與外型，例如 PowerPC G4 時代被稱為 Power Mac G4，採塑膠外殼設計；到了 PowerPC G5 則改稱為 Power Mac G5，換成鋁合金外殼設計。一直到 2006 年蘋果改用 Intel CPU 以後，Power Mac 改名為 Mac Pro 且不再以 CPU 名稱命名，而是以 Mac Pro 後綴的數字版號與年份來區分。

▲ 歷代 Mac Pro 產品圖

Mac Pro 採用 Intel 的伺服器等級 CPU Xeon 系列，有單 CPU 與雙 CPU 兩種，是完全以追求效能為目的的蘋果電腦。過去 Mac Pro 是唯一可以更換內部硬體的蘋果電腦主機，使用者可以像組裝 PC 那樣自行更換顯示卡、繪圖卡、音效卡等零組件。但在 2013 年時蘋果重新設計 Mac Pro 外型，改成現在的黑色筒狀外型，捨棄所有可擴充的零組件插槽，雖然 Mac Pro 仍能與過往版本一樣輕易開啟蓋子檢視內部，但由於已經無法拆卸更換硬體，因此簡易拆卸功能已經變成拿來欣賞內部設計的雞肋功能，而不像過去是為了讓使用者輕易更換內部硬體而做的巧妙設計。

▲ Mac Pro 產品圖 2（出處：蘋果官網）

新版 Mac Pro 推出後就遭到專業使用者的抱怨，儘管 Mac Pro 在推出後兩年內仍位居蘋果效能王的寶座，但是無法任意更換硬體與插上專業用戶慣用的 PCI-E 擴充卡仍讓使用者感到憤怒。雖說新版 Mac Pro 設計之初刻意配置了高達六組的 ThunderBolt，希望專業用戶能改用 ThunderBolt 來擴充硬體。然而在 2013 年時 ThunderBolt 外接硬體市場還不成熟，無法被專業用戶所接受，再加上 Mac Pro 售價高昂，銷售佔比小，使得 Mac Pro 從 2013 年更新為現行的筒狀外型之後，就再也沒有更新過內部的硬體配置，使得曾經是蘋果最強性能的一代王者，如今淪為「購買新品也只是展現蘋果信仰」的悲劇產品，如今 Mac Pro 效能甚至比不過 iMac。

▲ Mac Pro ThunderBolt（出處：蘋果官網）

Mac Pro 並沒有包含螢幕，因此你買了 Mac Pro 之後還是得幫它配一台螢幕才能使用。不過 Mac Pro 售價 NT$99900 起，並不是一般人會去購買的高階產品，所以想來也不需要替買的人擔心就是了，畢竟這是只有真正有專業需求的人士才會買的夢幻蘋果主機啊！不過正如前面所說，由於 Mac Pro 已經好久沒更新了，現在一台 iMac 都能與之並駕齊驅甚至大幅勝出，因此如果你是不在乎預算的專業用戶，蘋果新推出的性能旗艦 iMac Pro 才是最適合你的選擇。至於 Mac Pro 嘛 ... 如果你真的很想收藏的話，那麼網路上找一台二手的玩玩就好，實在不值得花十來萬的預算去買一台過時到不行的電腦啊！

蘋果性能旗艦王者，專業人士不二選擇：iMac Pro

▲ iMac Pro（出處：蘋果官網）

由於 Mac Pro 長達三年多都不更新，再加上前兩年蘋果終止了一些專業用產品如 XServe、XRAID、Final Cut Studio 等，使得市場上不斷有蘋果即將放棄個人電腦市場的傳言。不過在 2016 年一個從蘋果內部員工論壇流出的消息指出，蘋果執行長庫克表示蘋果從未放棄個人電腦市場，且即將會有一台很棒很強的桌機誕生。到了 2017 年的 WWDC 蘋果開發者大會上，庫克終於為大家揭曉了謎底：擁有 5K 螢幕，外型長得跟 iMac 一樣的 Mac Pro，名字就叫做「iMac Pro」。

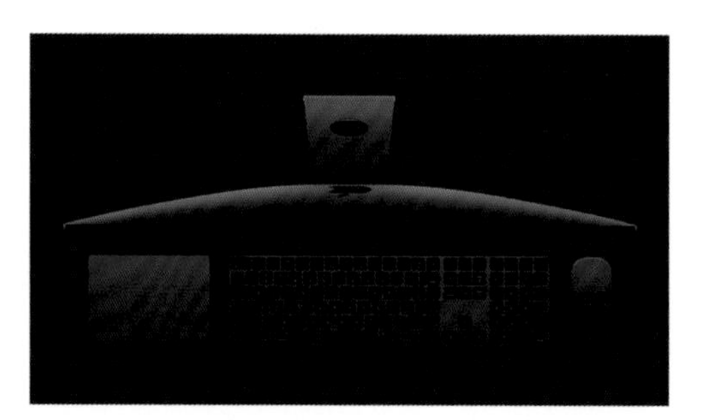

▲ iMac Pro 太空灰的鍵盤滑鼠（出處：蘋果官網）

雖然外型設計跟 iMac 一樣，但你卻能一眼就看出它的不同：iMac Pro 外表不是銀色而是太空灰，甚至連附贈的鍵盤滑鼠也都特別採用市面上買不到的太空灰，讓人立刻就能感受到 iMac Pro 的尊爵榮耀不凡。不過 iMac Pro 的外型改變並不是最大的重點，真正令專業用戶振奮的，是 iMac Pro 終於提供了合乎當代科技標準的硬體，簡直就是 Mac Pro 的大改款，而且還附上一台 5K 螢幕！

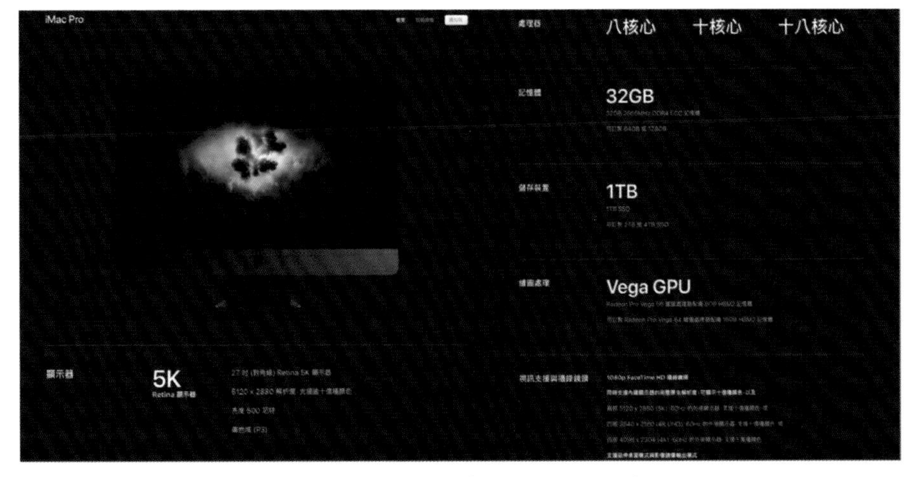

▲ iMac Pro 硬體圖（出處：蘋果官網）

iMac Pro 配備了 Mac Pro 才有的 Intel Xeon 伺服器等級 CPU，且最高提供 18 核心的選項。其他還有採用最新 AMD Vega 繪圖卡、高達 128GB Ram 記憶體的選項、內建 10GbE 網路、標配 1TB 3GB/s 超高速 SSD 等等，蘋果開出來的規格就跟 iMac Pro 那漂亮的太空灰外型一樣讓人驚艷、令人眼睛一亮。當然驚人的規格與外型也伴隨著震撼的價格，入門版也要 4999 美元（約合台幣十五萬元），直接超越現行版 iMac 5K 27 吋在客製化選項點好點滿後的售價，更不用說那可以讓整台電腦售價超過五十萬元的大量客製化選項了。不得不說在令人失望的 Mac Pro 悲劇之後，iMac Pro 確實有讓人感受到 Mac Pro 王者回歸的感覺，只是這次不再是沒有螢幕的傳統桌機，而是直接附上 5K 螢幕給你的全新「Pro」專業機種。

iMac Pro 很貴，效能很強，適合所有不在乎預算的專業使用者購買。當然，如果你是在乎外觀而不在乎預算的時尚追求者，那麼跟大家長相不同、肯定很少人買的太空灰 iMac Pro 也會是你的好選擇，畢竟那與眾不同的 iMac 外觀顏色、外面買不到的太空灰鍵盤滑鼠，都是能讓你的電腦顯得與眾不同的重要元素啊！至於那些需要安裝 PCI-E 擴充卡來使用的專業用戶該怎麼辦呢？相較於 2013 年 Mac Pro 面臨的 ThunderBolt 硬體不成熟問題，現在 ThunderBolt 外接盒轉接 PCI-E 卡的技術已然成熟，就連顯示卡都能直接靠 ThunderBolt 外接了，PCI-E 擴充卡的需求問題也將獲得解決。

CPU / 記憶體 / 快閃儲存 / 顯示卡大不同，我該怎麼選？

決定要購買哪個系列的蘋果電腦之後，接著就要來決定硬體配置了。蘋果電腦除了螢幕尺寸不同之外，影響同系列電腦價格差異的要素就是 CPU / 記憶體 / 快閃儲存 / 顯示卡，以下我將針對這四項做簡單的介紹，請依照你的預算與需求來選購最合適的電腦吧！

決定電腦運算速度的關鍵：CPU

▲ MacBook Pro CPU 圖

CPU 是電腦的主要運算核心，所有電腦的工作除了圖像以外幾乎都由 CPU 包辦，因此同一時期的 CPU 後面接著的數字（時脈）越大，就表示這台電腦的運算效能越快。以目前全系列蘋果電腦來說，即便是效能最弱的 New MacBook 都還是有 2009 年旗艦機種的效能，因此不管你選哪種 CPU，除非你會拿電腦來剪影片、幫影片轉檔、或是打電動，否則一般日常的文書處理、上網、看影片等都是非常足夠的，一般使用者並不需要追求太高的 CPU 時脈，與其花錢去升級更高等級的 CPU，還不如拿去將硬碟升級成 SSD、或是直接擴充 SSD 容量，提昇速度感讓電腦運作的更順暢。

電腦開太多程式會變慢？你需要更大的「記憶體」

▲ MacBook Pro 記憶體

記憶體是用來儲存目前工作程式、資料的地方，因此記憶體越大，就能同時處理更多的工作，開更多的視窗也不會讓電腦變慢。不過記憶體的大小在官網的分類上其實都是跟 CPU 升級綁在一起的，也就是較貴的 Mac 主機擁有較大的記憶體，因此不管你是想要更快的 CPU、或是更大的記憶體，其實兩者都是綁在一起賣你的，所以 … 需要考慮的地方也真的不多了。

決定你的電腦可以裝多少資料：快閃儲存 SSD

官網規格上的「快閃儲存」其實就是以前被叫做「硬碟」的東西，只是現在已經不再使用機械式硬碟，改用快閃記憶體作為電腦儲存空間，因此才改名叫做「快閃儲存」。這個空間決定你可以在電腦裡放多少資料、音樂、影片，因此越大當然就越好囉！只是快閃儲存的價格並不低，因此升級快閃儲存的價格會隨著容量增加而暴增，這部分請自己參考官網價格吧！

有兩點必須注意，首先我們該如何決定自己需要多少容量的快閃儲存？其實很簡單，直接看你現在的電腦已經用掉多少空間，再將這空間加上 1~2 的數字，就差不多等於你需要買的快閃儲存容量了。算一算你會發現 128GB 其實對於大多數人來說都是不夠的，所以我個人建議至少從 256GB 開始選擇吧！

第二點則是關於「Fusion Drive」這個名詞，由於 Mac mini 跟 iMac 目前在最低階型號上都還是使用傳統機械硬碟，但事實上現在的 macOS 在傳統機械硬碟上的運作速度只能用「龜速」來形容，不管是開檔案或開網頁都奇慢無比。Fusion Drive 是一種將快閃儲存空間與傳統機械硬碟結合的技術，能讓電腦擁有硬碟的超大容量（1TB 起跳），但又保有快閃儲存空間的飛速開檔。如果你不想砸大錢將 iMac / Mac mini 升級成全快閃儲存，那麼建議至少要購買 Fusion Drive 的版本，否則你的蘋果初體驗將會以「超差使用者體驗」收場喔！

3D 繪圖 / 電玩遊戲必備：獨立顯示卡

▲ MacBook Pro GPU

如果你需要用電腦做 3D 繪圖，或是用電腦來玩 3D 遊戲，那麼你的電腦就一定要買有獨立顯示卡的版本了。目前蘋果電腦中的 MacBook Pro Retina 13 吋、New MacBook、Mac mini 等三個系列都是完全沒有配備獨立顯示卡的；iMac、MacBook Pro Retina 15 吋則要特別注意規格並選購註明「有獨立顯示卡」的版本；iMac Pro/Mac Pro 則全系列都有獨立顯示卡，且還是比一般顯卡更高等級的繪圖卡，對於繪圖方面的工作有特別強悍的效能，是職業繪圖專家的不二首選。

▲ 外接顯卡盒

不過，上述的情況現在已經有了很大的改變！過去蘋果電腦除了舊款 Mac Pro 以外都是不能自己額外安裝更新顯卡的，你必須一開始購買時就決定好是否要顯卡，以及要選擇什麼型號等級的顯卡。但在今年（2017）macOS 10.13 新系統推出後，蘋果將正式支援 ThunderBolt 外接顯卡 eGPU 的工作模式，讓使用者可以透過市售 ThunderBolt 外接顯卡盒，搭配自己選擇的標準顯卡後，直接由 ThunderBolt 與電腦主機連接，讓沒有獨立顯示卡的主機也能享有顯卡運算的效能，對於顯卡過於老舊的機種也同樣能利用外接顯卡來提昇運算能力。

不過要特別注意，ThunderBolt 外接顯卡只有配備 ThunderBolt（包括 ThunderBolt 一代）的機種才能裝備，沒有 ThunderBolt 的電腦如 New MacBook 等就無法使用。因此如果你在添購電腦時有外接顯卡的未來規劃，就不能選擇 New MacBook 囉！

USB / ThunderBolt Type-C，蘋果的未來主流連接介面

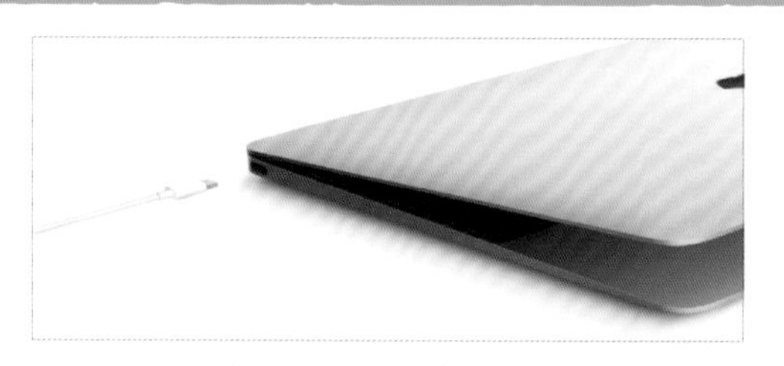

▲ New MacBook Type-C

從 New MacBook 砍到只剩下一個 USB Type-C 接口開始，再到 MacBook Pro 也把所有插孔移除只留下 Type-C 的 USB/ThunderBolt 複合接孔，都可以看出蘋果想要統一電腦所有連接介面的決心。以前我們可以透過插孔的長相來判斷連接介面的種類，現在 Mac 電腦上的連接介面全都改成長相一樣、正反皆可插入的 Type-C 型式，但卻又有著 MacBook Pro 有 ThunderBolt，MacBook 則只有 USB 的限制。搞得這麼混亂，到底我們該如何區分這兩種接頭，使用上又有什麼不一樣呢？

由蘋果與 Intel 主導的次世代多功能超高速傳輸介面：ThunderBolt

▲ MacBook Pro FireWire 800

由於蘋果針對專業影音應用一直都在持續優化，因此電腦上都會配備 PC 較少見到的 FireWire（IEEE1394）高速連接介面。在 2011 年 ThunderBolt 發表以前，蘋果的專業應用只有 FireWire 一種，從早期的 FireWire400 再到比 USB2.0 速度快一倍的 FireWire800，Mac 上的專業高速傳輸需求一直都靠 FireWire 滿足。但 USB3.0 的速度比 USB2.0 大幅增長後，FireWire800 不僅顯得過時，周邊售價過高更直接讓 FireWire800 變得宛如雞肋一般的存在。就在這世代交替的時刻，Intel 發表光纖傳輸介面 ThunderBolt（代號 Lightpeak），並被急於找到新型高速傳輸介面以替代 FireWire 的蘋果看上。於是蘋果與 Intel 就在 2011 推出改採銅線傳輸的 ThunderBolt 介面，並因應蘋果要求以 mini DisplayPort 這個蘋果慣用的介面來作為插頭型式設計。

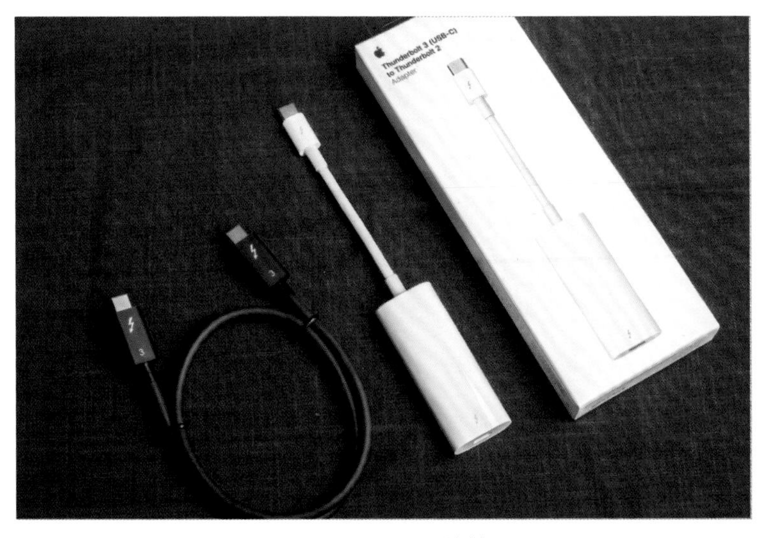

▲ ThunderBolt 3 線材

2011 年以前，蘋果電腦的視訊輸出孔 mini DisplayPort 就只有輸出影像的功能，但從 ThunderBolt 發表以後，這個輸出孔就同時兼具 ThunderBolt 資料傳輸的能力。由於 ThunderBolt 承襲了 FireWire 串接設備的能力，且初代 ThunderBolt 就具備高達 10Gbps 的超大頻寬，能讓使用者將螢幕、硬碟陣列、PCI-E 外接盒等設備靠著被稱為「菊花鏈（Daisy Chain）」的功能，一台串著一台連接高達六台設備同時使用，不必像 USB 那樣一台設備就要佔據一個插孔，使用上非常便利。

第一代 ThunderBolt 的速度就直接拉到 USB3.0 5Gbps 的兩倍，到了兩年後的 ThunderBolt2 更是直接翻倍達到 20Gbps，是當代傳輸速度最快的外接裝置連接介面。ThunderBolt2 每秒可傳遞 1.5GB 的資料，搭配高速磁碟陣列後約只需要六秒就能傳完一部 8GB 的 FullHD 電影。這時適逢 4K 影片正倔起準備開始成為業界主流，影視相關產業正需要超高陣列傳輸速度以因應剪輯後製所需，使得 ThunderBolt 一躍為業界的新寵，高效能 Mac 電腦搭配大容量高速 ThunderBolt 陣列成為影音剪輯的重要夥伴。由於 ThunderBolt 技術大躍進，也連帶影響蘋果對 Mac Pro 的新設計：移除內建 PCI-E 擴充插槽，改為配置六個 ThunderBolt 讓使用者自行外接擴充設備。

然而 ThunderBolt 由於授權金、認證等因素使得成本一直高居不下，即便 ThunderBolt 有著速度快、可串接多台機器、傳輸視訊資料極為穩定等特色，隨便一個硬碟外接盒都要價數千元（不含內置硬碟），使得 ThunderBolt 始終無法走向民間使用。現在一些 PC 筆電、主機板上也能看到 ThunderBolt 的蹤影，但比起幾乎每台 Mac 電腦（New MacBook 除外）都有配備 ThunderBolt，PC 領域上的 ThunderBolt 應用仍相當匱乏，也不怎麼普遍。如今隨著 MacBook Pro with Touch Bar 推出，蘋果正式將 ThunderBolt 升級為最新的第三代版本，採用 Type-C 正反皆可插的設計讓 ThunderBolt 接口可與 USB 插座結合成雙用複合插座，讓 Mac 電腦上的 USB Type-C 插口同時可兼有 ThunderBolt 的傳輸功能。此外，由於 ThunderBolt3 傳輸速度高達 40Gbps，再加上 macOS 10.13 以後將解除對 ThunderBolt 轉 PCI-E 外接顯卡 eGPU 的限制，使未來蘋果電腦不需要再做如過去傳統大型 Mac Pro 主機能自行更換內部硬體的設計，而是直接透過 ThunderBolt 外接就能將高階顯示卡、繪圖卡等硬體接上 Mac 電腦使用。

新一代正反皆可插的 USB 插頭外型：USB Type-C

▲ USB Type-C

USB 插頭是目前所有電腦上都能見到的通用外接設備連接介面，目前市面上絕大多數的外接設備都要靠 USB 來與電腦連接。USB 插頭雖然有著通用的通訊協定，但對於插頭本身的長相卻有非常多種的選擇，例如以前外接硬碟用的 mini USB，或是 Android 手機等所使用的 Micro USB 等等。雖然外觀插頭長相不一樣，但其實內部都是一樣的 USB 傳輸介面，只是插頭插座因應設備需求而有不同尺寸、外型可供選擇。

雖然 USB 使用很方便，但卻一直有著正反面不可共用的問題，常常會因為無法插入必須重插。後來蘋果推出了正反兩面皆可插入的 iDevices 充電介面 Lightning 之後，USB 無論哪種尺寸插頭都無法正反皆可插的缺陷更形突兀，尤其是競爭激烈的智慧型手機市場，更急需一款能與 Lightning 方便性相抗衡的產品。於是 USB 聯盟因應這個趨勢，在 2014 年推出 USB Type-C 插頭，採用扁橢圓形上下對稱設計，無論正反面皆可直接插入，使用體驗就如 Lightning 一樣方便。

一種外型百變功能，可安裝各種 USB 協定與 ThunderBolt 的 Type-C 插頭

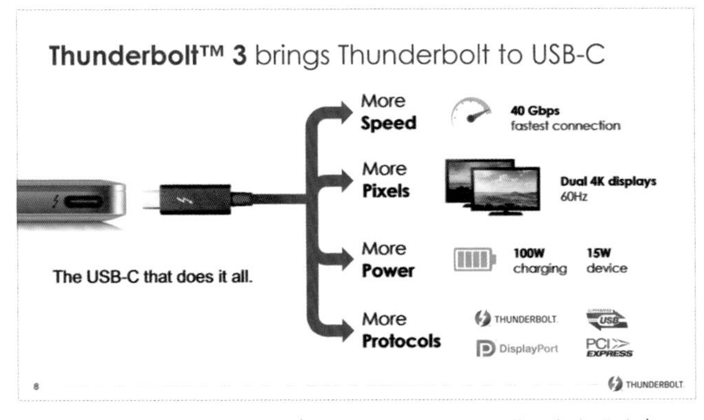

▲ ThunderBolt Type-C（出處：ThunderBolt 聯盟官方圖表）

雖說 USB Type-C 是與新一代 USB3.1 同一時期推出的介面，但其實這兩者並沒有必然的等同關係。USB Type-C 只是插頭外型的一種，但裡面到底是 USB2.0、3.0、3.1，甚至是只有 ThunderBolt 都不一定，端視廠商一開始設計時在 Type-C 插頭裡放入什麼樣的傳輸介面，該設備就是什麼樣的傳輸規格。現在有不少智慧手機為求噱頭而放入 USB Type-C 介面，但不僅資料傳輸速度極慢，充電上也不支援新的快速充電協定，這就是明明長得就是 USB Type-C 外型，內裡卻是老舊 USB 規格的好例子。

前面說過，ThunderBolt 從第一代到第二代都是採用蘋果的 mini DisplayPort 作為傳輸插頭介面，但到了 MacBook Pro 改款成 Touch Bar 版本時適逢 ThunderBolt3 問世，於是蘋果與 Intel 就放棄了過時的 mini DisplayPort 插頭，將 ThunderBolt 與 USB Type-C 插頭整合，並結合 USB 3.1 的高電壓充電功能，讓 MacBook Pro 整台電腦只需要四個 Type-C 插座，就能同時滿足 USB 資料傳輸外接設備、視訊輸出、充電、最新 ThunderBolt 3 傳輸等多種功能，讓每一個插座都能擁有多種不同的功能，而不再像過去那樣一個插頭只有一種功能，平白為了一些少用的插頭浪費寶貴的電腦結構空間。

▲ Macbook Pro Type-C（出處：蘋果官網）

MacBook 與 MacBook Pro 上的 USB Type-C 可說是目前功能最齊全的配置，除了最新 USB3.1 與能突破 5V 好幫電腦充電的新供電規範之外，同時也支援原生 DisplayPort 1.2 視訊輸出，在 MacBook Pro 上還能再加上 ThunderBolt3 40Gbps 的高速傳輸功能。由於功能齊備，因此 Mac 上的 Type-C 插頭才能做到一個插孔就能傳資料、輸出影像、充電、連接 USB 外接設備等多樣化功能。相較於他牌筆電仍保有大量不同傳輸接口的設計，從現行的方便性來說蘋果電腦無疑是在挑戰人的耐心極限。但考量到蘋果透過

Airplay、Airdrop、iCloud 同步等大打無線傳輸時，將實體連接介面大幅縮減並保留給高速、充電等仍須倚賴實體介面傳輸的功能應用，也算是在實現賈伯斯削減電腦傳輸插頭數量夢想的同時，仍然兼顧現實科技狀況限制的做法了。只是現在仍屬過渡期，要使用者毅然接受整台電腦上只有 Type-C 一種介面，恐怕還需要一段時間的努力才行了。

最後還是要提醒各位，目前蘋果電腦上的 Type-C 介面並不一定有 ThunderBolt 功能。現在的蘋果電腦中只有 MacBook Pro、iMac、iMac Pro 等電腦上的 Type-C 插頭才有額外配備 ThunderBolt 功能，New MacBook 12 吋上的 Type-C 則只有基本的 USB 3.1、視訊輸出、充電等三項功能。因此在購買配備時，請務必特別注意該項外接裝置是否有支援 USB 連線，若是買到那種只支援 ThunderBolt 但卻又因為 ThunderBolt3 而採用 Type-C 介面的機種，那麼你的 New MacBook 就算插上去也是無法使用的。

蘋果電腦的視訊輸出問題：外接投影機 / 螢幕該怎麼做？

如果你有看過第二部賈伯斯傳電影，你一定還記得賈伯斯為了電腦上到底要有一個擴充插頭還是兩個的事情與員工起爭執。賈伯斯一直都是個厭惡電腦擴充插頭的人，他認為電腦上有太多插座是一件破壞電腦美感的事。這個認知一直影響著蘋果的設計美學，每一台蘋果電腦的擴充插座都少到令人崩潰的程度，直到現在 New MacBook 把擴充插座刪減到只剩下一個耳機孔、一個 USB Type-C 插座，連幫電腦充電都要跟 USB 搶插座！

因此從賈伯斯回歸蘋果之後，除了讓蘋果電腦變漂亮之外，最大的努力就是減少擴充插座的數量。現在我們對於蘋果的視訊插頭「ThunderBolt」能用來連接硬碟外接盒等配件習以為常，但其實這並非什麼新概念設計，而是早在二十一世紀初賈伯斯力推新視訊介面「ADC」時就已經有的設計。當時蘋果所使用的 ADC 視訊插頭不僅可以傳輸視訊、擴充 USB 插座、甚至還能幫螢幕供電！由於 ADC 能提供外接螢幕所需的電力，因此在當時的蘋果原廠螢幕 Cinema Display 塑膠版都是不需要插電就能使用的神奇螢幕，一條線就能搞定視訊與電力，足見賈伯斯有多痛恨插座與電線。

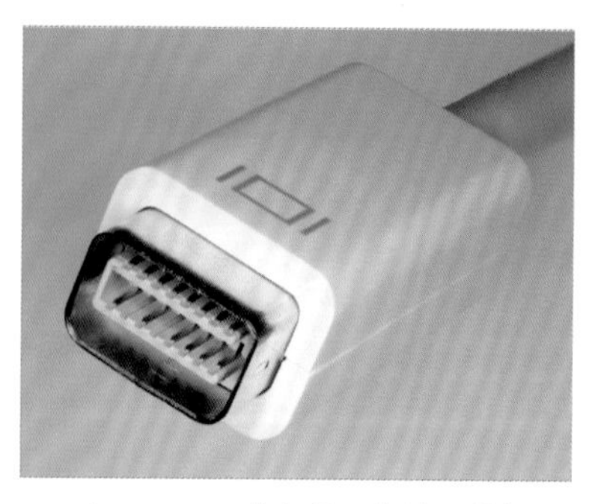

▲ mini-DVI（出處：維基百科）

由於 ADC 根本就是蘋果限定介面，因此過沒幾年蘋果就放棄這個罕見規格，但賈伯斯並沒有因此放棄縮減視訊插座的想法，他在新的 Mac 電腦上設計了新的視訊插座「mini-DVI」。有別於其他電腦擁有 VGA 與 DVI 兩種視訊插座，蘋果電腦除了高階桌機 / 筆電之外都只配備大小只有 VGA 插座一半、能一孔多用的 mini-DVI 插頭。這個插頭同時擁有 VGA 與 DVI 輸出功能，但都必須透過額外購買的轉接線材才能使用，因此想外接螢幕或投影機的人都必須再多買一條轉接線材能使用。

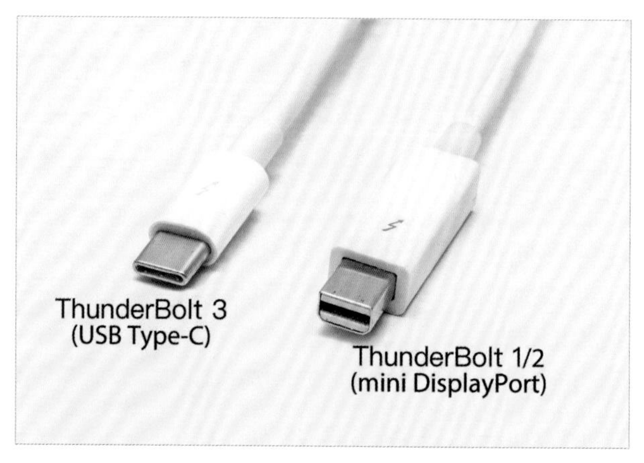

▲ ThunderBolt2/3 比較圖

現在的蘋果電腦依然保持這樣的傳統，在歷經 mini DisplayPort 的變革之後，現在使用的 ThunderBolt/ USB Type-C 一樣要購買不同的轉接線才能外接顯示設備。由於現在的投影機或螢幕並不見得會使用某一個特定插頭，我也很難在這裡跟你說該買哪種。如果你搞不懂插頭的種類，最簡單的方法就是用手機把螢幕或投影機的插座部分拍下來，再到蘋果店給店員看並告知你的電腦型號，讓他幫你挑選會是最快的辦法。

▲ ThunderBolt Display（出處：蘋果官方商品圖片）

請特別注意，先前蘋果官方販賣但已經停產的原廠螢幕 ThunderBolt Display 就只有支援 ThunderBolt 的電腦可以使用，且最新版的 ThunderBolt3 Type-C 也無法透過轉接使用，因此如果你手上有這台螢幕且想要搭配新版配備 Type-C 接口的蘋果電腦，那就不用考慮了，因為根本不支援啊！換台新螢幕，或是找到以前舊版 mini Displayport 版本的 Apple LED Display 透過轉接使用吧！

至於舊版 mini DisplayPort 的蘋果電腦只能用前一版 LED Display。這點非常重要，在購買蘋果原廠螢幕時請務必注意你的電腦規格是否支援，否則就會出現電腦螢幕無法顯示的窘境。不過坦白說，以現在的角度來看，蘋果原廠螢幕就算是 Apple Cinema HD Display 這種超過十歲的機種依然老當益壯，但如果要跟那些最新的 4K、5K 繪圖螢幕相比仍顯得有點力不從心。因此除非你真的超愛蘋果螢幕，如果只是要單純追求畫質，選擇國際大廠最新推出的高解析繪圖螢幕會是更好的選擇。

LESSON 4 認識 macOS 介面，保證瞬間就上手！

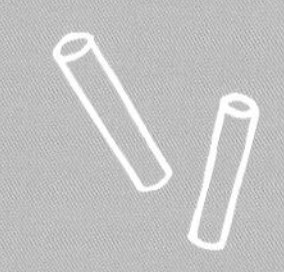

雖說前面幾章不斷強調 macOS 跟三十多年前的 Mac System Software 介面長得很像，但真的能無痛接軌的其實也只有老牌蘋果玩家才能辦到。對於從 Windows 跳槽過來的新朋友，macOS 的介面跟 Windows 相比實有極大落差，是讓所有蘋果新朋友同樣感到棘手的難題。

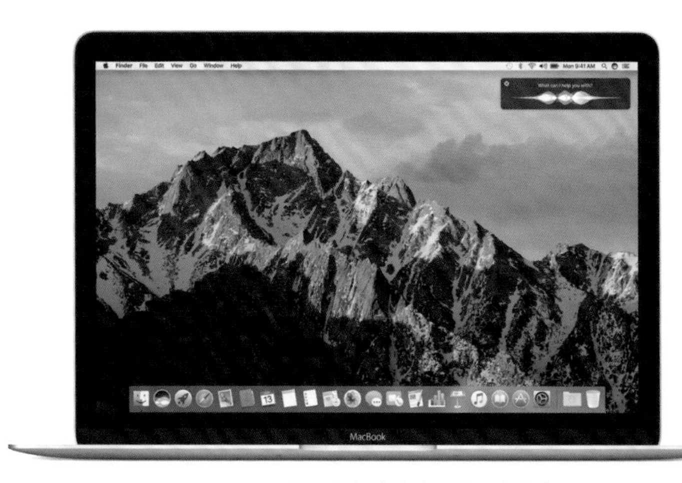

▲ macOS 桌面全覽（出處：蘋果官網）

以下整理了四個新玩家最需要瞭解的重要介面差異，只要先把這四個關鍵搞懂就能讓你快速上手。至於後續的操作就只要慢慢把這本書的教學看完、或追蹤我個人網站上的「蘋果急診室」專欄隨時更新資訊就可以了。

長在螢幕最上端的選單列

▲ Win / macOS 選單列比較圖

macOS 最大的介面差異，我個人認為就是上面這個會隨著軟體改變的選單列。在 Windows 中，所有軟體的功能都集中在視窗之中，每個程式都是以「視窗」為單位來啟動 / 關閉。但 macOS 卻不然，從上圖可以看到，macOS 選單列設計在整個螢幕最上方，不管你開 / 關任何程式，左邊那個迷你蘋果標誌的選單列都不會消失，只會隨著你正在使用的軟體，變換上頭的程式名稱以及選單列選項。

回頭看第一章，你會發現其實從最早的 Mac System Software 就已是如此設計，延續使用三十多年依然沒變，因此對於老蘋果玩家來說，像 Windows 那樣每改版一次就要重新找一次功能選項位置是不太需要做的事情。

關視窗不等於關程式，開程式不見得會開視窗

▲ 視窗與選單示意圖

在 macOS 上，程式開關與視窗是否存在並沒有必然的關連，因為 macOS 的視窗並不像 Windows 那樣包含了所有功能，使得有些軟體本身完全沒有視窗，只能靠操作螢幕最上方的選單列來啟動 / 關閉程式功能。這點從古早 Mac System Software 開始就是如此，連關閉的快速鍵都沒變過，非常有趣。

▲ 程式關閉選單

要在 macOS 上關閉程式，必須如上圖直接從選單列的選單中點選程式名稱，再往下找到並點擊「結束 XXX」選項，才能完全關閉該程式。當然，你也可以利用 Command+Q 這個蘋果必學快速鍵來快速結束程式，這部分留待第六章再做詳細說明。

應用程式與文件的捷徑列：Dock

▲ Dock 放大圖

還記得第一章曾經說過「來自 NeXTSTEP」的程式捷徑列 Dock 嗎？ Dock 從第一版 macOS 開始就已存在，當滑鼠滑過時就會自動放大、縮小的特效在 2001 年是令人難以想像的「流暢視窗動畫」，在當時也算是展現蘋果強大繪圖效能的重要工具之一。此外，Dock 也可以用來判斷程式是否已完全關閉：只要看到如上圖這樣在程式圖示底部有個小亮點，就表示該程式還開著沒關。

▲ Dock 放置、拖曳 App 圖

不過 Dock 實際上並不只是炫耀的玩意，而是非常實用的應用程式 / 資料夾快捷列。在 Windows 上有個開始選單，可以從裡面快速啟動應用程式、或打開指定資料夾；同樣的功能在 macOS 上則被 Dock 取代，你可以自由地從 Finder 的「應用程式資料夾」中將新的 App 拖進 Dock 中、也可以自由地改變放置位置、甚至直接移除，一切都只要用滑鼠點著該程式的圖示並拖移即可（刪除請將圖示拖離 Dock），非常簡單。

▲ Dock 資料夾

Dock 除了用來放置程式之外，也可以用來放置資料夾。只要把 Finder 裡的任何一個資料夾直接拖曳進到 Dock 的最右端，就可以將你的常用資料夾放進 Dock 了。

▲ Dock 右鍵選單

有些特定的程式還能提供 Dock 的快速右鍵功能選單，例如 Parallels Desktop 虛擬機程式就能直接在 Dock 圖示上點擊滑鼠右鍵來開啟選單，控制視窗模式、啟動特殊功能等等。

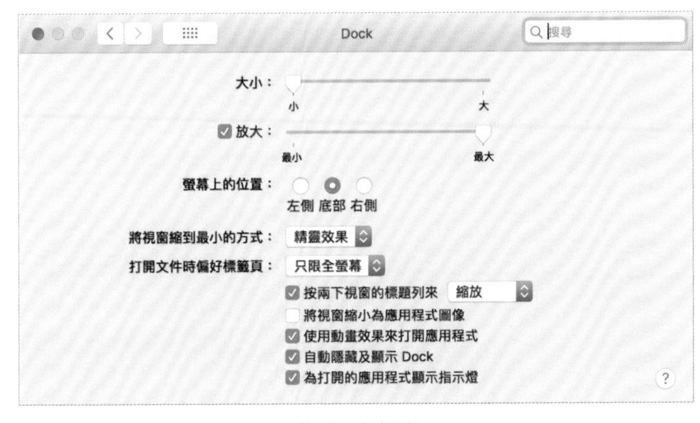

▲ Dock 設定

Dock 本身可以調整是否要自動隱藏（不用時會縮起來）與常駐位置（螢幕左邊、右邊、下緣），也可以調整平常的尺寸、或是滑鼠滑過的放大比例。如果你想對 Dock 做更細部的設定，請點擊螢幕左上角的蘋果圖案，再點選「系統偏好設定」→「Dock」。

電腦的常駐程式、快速設定與狀態顯示

▲ 右上角程式列

在 Windows 裡的常駐軟體如防毒程式、虛擬光碟機等，都會有個小圖示標註在螢幕底部工具列的最右端，關於硬體的資訊如充電、時間、無線網路、音量等也都藏在同樣的位置；這部分 macOS 跟 Windows 倒沒有太大差異，同樣都把上述的圖示通通放在同一塊，只是位置從螢幕右下角挪到螢幕右上角，跟那條永不消失的選單列待在同一個高度上。

或許你會問，那為什麼不跟 Windows 一樣做在右下角呢？其實很簡單，因為下面的空間是給 Dock 用的，而選單列放在螢幕上方本來就符合 macOS 使用者的習慣，當然就只能放在右上角啦！

▲ 拖移圖示

選單列上的圖示有小部分可以移動位置，例如，屬於系統資訊的時鐘、電池、無線網路、藍牙等都可以移動，只要先按著鍵盤上的 Command 鍵不放，再用滑鼠拖著圖示左右移動就可以囉！如果要刪除就跟 Dock 一樣把圖示拖離選單列即可。至於那些系統圖示如果移除以後還想再放回去，就請你點擊螢幕左上角的蘋果圖案，進入「系統偏好設定」之後再點擊你想新增的功能圖示，再如下圖勾選「在選單列中顯示 XXXX」就可以了。

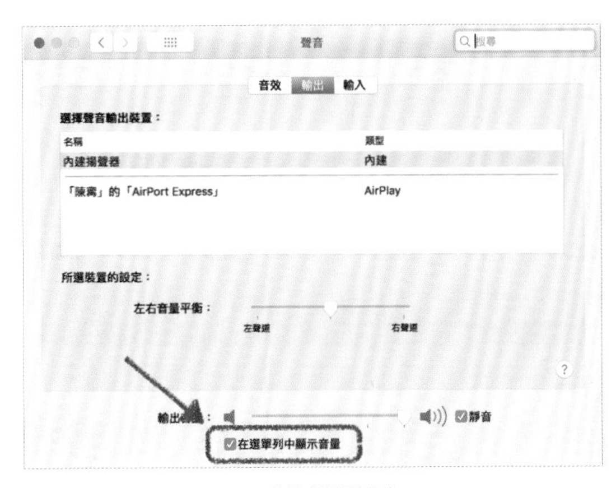

▲ 系統偏好設定

沒有視窗「最大化」選項的視窗大小調整

▲ 視窗最佳化

從最早的 Mac System Software 開始，蘋果電腦就沒有所謂的「視窗最大化」選項，也就是像 Windows 那樣按個鍵就讓視窗填滿螢幕的功能。這是因為賈伯斯認為使用者需要的是「視窗大小最佳化」而非 Windows 式的無差別最大化，就好像賈伯斯認為右撇子用電腦會習慣從右邊開始點擊，因此桌面上的東西都從右邊開始排列，都是非常「賈伯斯」的主觀認知。

但賈伯斯畢竟是老闆，我們也只能用他的設計而無法抗議，因此還是搞懂他吧！首先我們要知道兩者差在哪：蘋果的視窗大小最佳化指的是讓視窗大小「剛好」符合視窗裡的內容，例如開一個兩邊存在空白的網頁，當按下最佳化按鈕（左上角紅黃綠按鈕中的「綠按鈕」）之後，就會讓視窗迅速縮小 / 擴張以符合網頁內容的寬度，變成一個邊緣完全沒有空白的網頁。

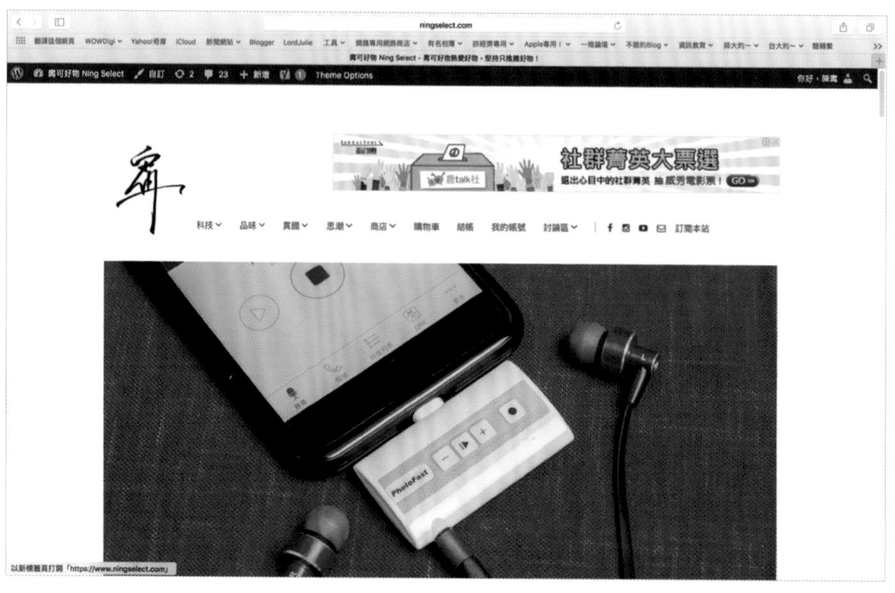

▲ 程式全螢幕

雖然後來蘋果為了配合 iOS 每個 App 都全螢幕執行的特色，在 macOS 中加入「全螢幕」的功能，讓程式能在填滿螢幕的狀態下執行。但蘋果的做法是把所有選單列、Dock 都藏起來之後將視窗全螢幕放大使用，由於常用的選單都被藏了起來（滑鼠移過才會出現），因此使用上並沒有真正的視窗最大化那麼直觀，因此使用上並不實際。

▲ 視窗按鈕

在每一個視窗上都可以看到如上圖一般的三色按鈕，其中紅色用來關閉視窗、黃色用來縮小視窗到 Dock 上，而綠色就是「全螢幕」。前面提到綠色按鈕是視窗最佳化的按鈕，但那是以前的事情，現在預設綠色按鈕就是全螢幕，如果要讓視窗大小最佳化，必須在點擊綠色按鈕時同時按著鍵盤的 Option 按鈕才能啟用。

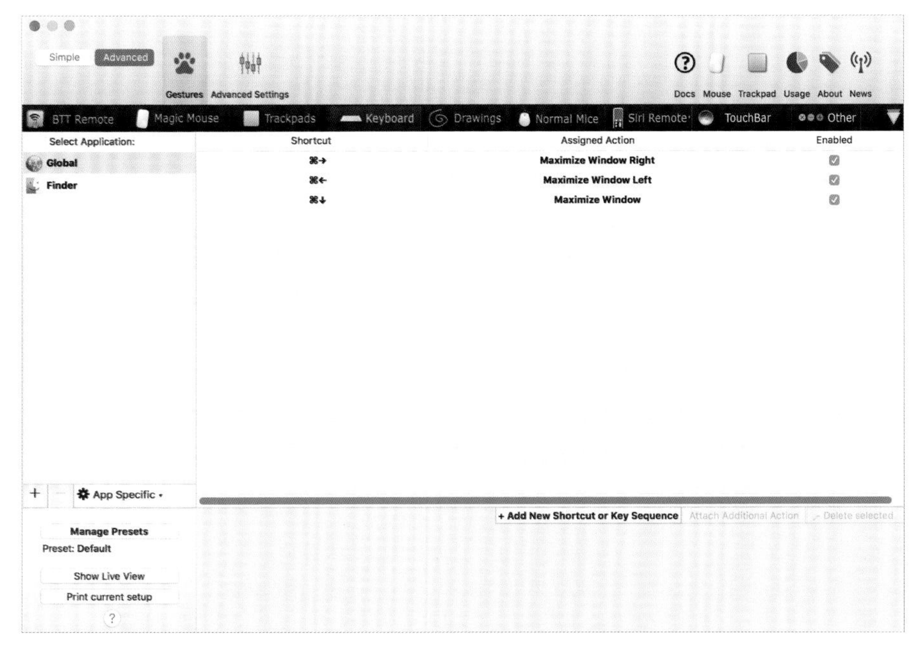

▲ BetterTouchTool 圖

但在我看來，不管哪一種其實都難用到不行，因此我推薦使用第三方軟體 BetterTouchTool 來解決這個問題。BetterTouchTool 是一款強化 macOS 手勢與鍵盤快速鍵功能的軟體，他提供一個模仿 Windows 的視窗調整功能，能讓使用者快速地將視窗調整為最大化、佔據左半螢幕、佔據右半螢幕等，是我認為最好用的視窗大小管理工具。

不過 BetterTouchTool 並不是人人都需要，所以我就不在這裡寫教學了。如果你想更瞭解它，請在 Google 上搜尋「陳寗 BetterTouchTool」，就能找到我的教學了。

LESSON 5 開始使用蘋果電腦！首次開機必備設定指南

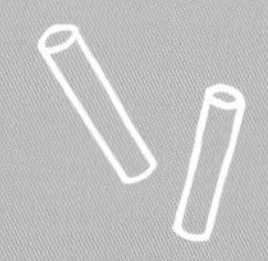

瞭解 macOS 與 Windows 在介面設計上的差異之後，各位就不會再面對著截然不同的操作畫面而不知從何下手了。接下來，我們得幫電腦做更進一步的設定才能讓電腦適應你個人的使用習慣、並與家中的軟硬體如網路等接上線，至此你的新電腦才能算是一台「真正可以開始工作」的電腦，而不再只是一台高價的玩具。

拿到電腦前的準備：先來申請 Apple ID 吧！

Apple ID 是什麼呢？ Apple ID 就是你在整個蘋果世界裡的通行證，從你在官網購買蘋果電腦開始，到接下來使用 iCloud 雲端服務、線上購買 App / 影片 / 音樂、甚至是寄信打視訊等，都會需要使用 Apple ID 來做為你的唯一身份識別。

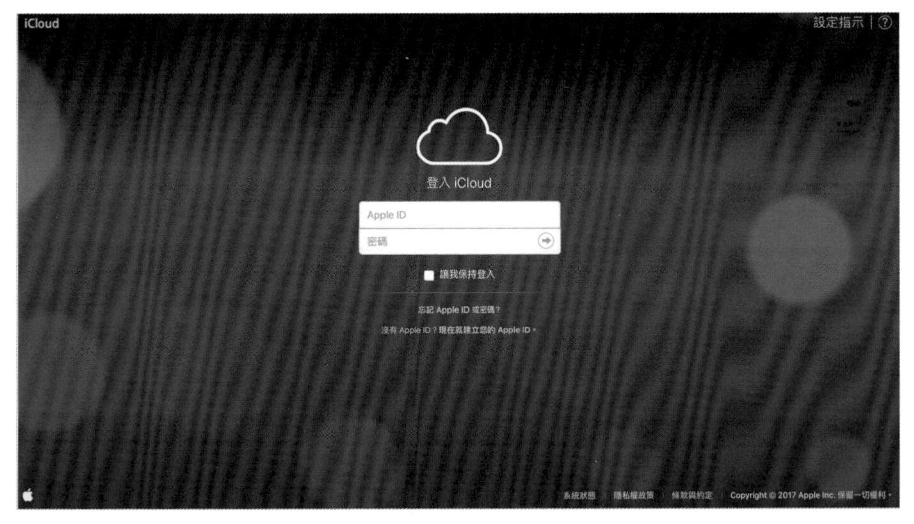

▲ iCloud.com 登入介面

曾經有一段時間，iCloud 帳號只能透過 iPhone 等蘋果裝置申請，其他人只能在官網上申請 Apple ID，但卻很神秘的無法直接使用 iCloud 服務。但現在不用那麼麻煩了，你可以直接在蘋果的 iCloud 網站「http://www.icloud.com」申請可用於蘋果所有服務的 Apple ID，因此你完全可以在拿到電腦之前就先把 Apple ID 申請好，這樣拿到電腦時就不用還要臨時想帳號密碼了。

申請方法很簡單，請先直接點擊 iCloud.com 頁面中的「現在就建立您的 Apple ID」。

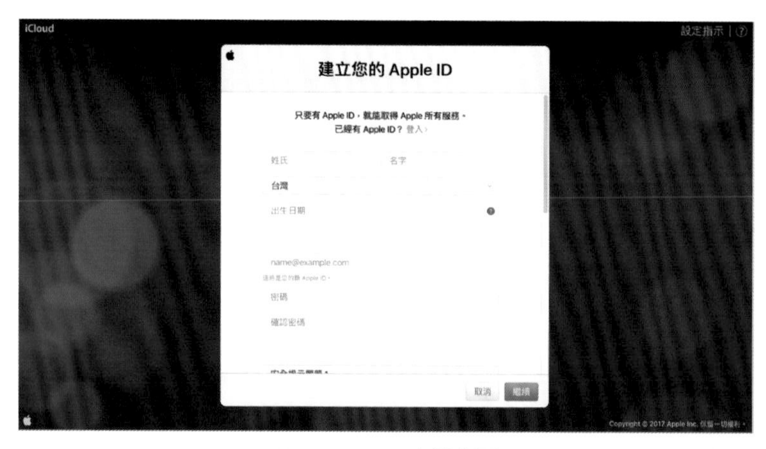

▲ iCloud.com 申請介面

點擊之後只要把你的帳號密碼、個人資料等都輸入完成之後，就可以順利申請你的 Apple ID 了！這裡有兩件事情必須注意：第一，你的密碼必須包含至少大寫英文字母、小寫英文字母、以及數字，這是蘋果為了加強帳號安全所設計的限制，雖然有點麻煩，但總比被輕易盜帳號來得好些；第二則是關於個人資料的部分，很多人因為怕自己的資料被蘋果「盜賣」，在申請帳號時都會填入一堆假資料。但實際上亂填資料並不會幫助你保護自己的個人資料，反而會在你往後忘記密碼、重置手機、甚至手機遺失時，因為資料無法核對而無法請蘋果幫你處理，所以請盡可能填寫正確的資料吧！

設定網路，讓電腦連上網

現在電腦做什麼都要網路，就連電腦第一次開機都需要連上網路來開通 iCloud 帳號並啟動服務。因此除了熟悉介面之外，當務之急就是讓你的電腦能順利連上網路，才能把新電腦連上 iCloud、並下載你所需要的各式軟體。

設定家中的 ADSL / 光世代網路連線

▲ 乙太網路設定介面

雖說現在大多數的中華電信光世代路由器都內建無線網路功能，但如果你家偏偏就是沒有無線網路，那就只好用網路線來上網囉！如果你家的網路已經預先通過額外的路由器、或是你住在學校使用校園網路，那麼你只要把網路線插上電腦就可以開始上網。但如果你家還是直接用網路線去插那台中華電信的機器，那你就得先設定寬頻連線的帳號與密碼。

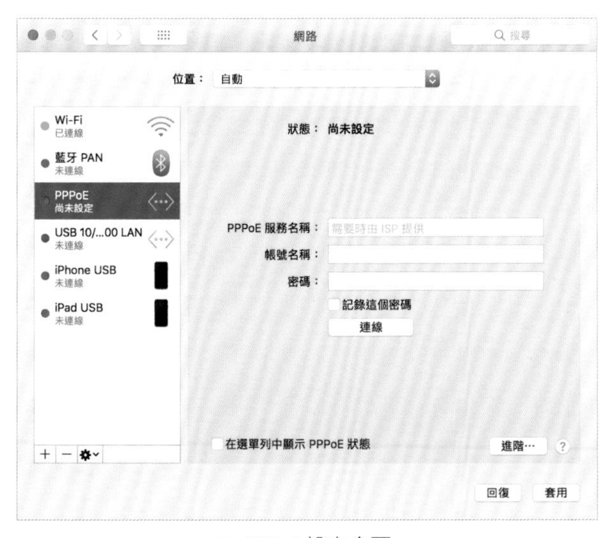

▲ PPPoE 設定介面

目前大多數的台灣寬頻網路都是使用 PPPoE 連線，左圖這個視窗就是用來設定網路的介面。請點擊螢幕左上角的蘋果圖案，進入「系統偏好設定 → 網路」，就會看到上面這個視窗了。請依照左圖所標注的順序點擊乙太網路 → 設定 IPv4 → 點選「建立 PPPOE 服務」，接著再將電信公司給你的帳號名稱、密碼填進欄位之中，最後按下套用、再按下連線，就可以順利上網了。

搜尋無線網路，連線超簡單

▲ 無線網路連線示意圖

那如果你家已經有無線網路、或是你的電腦就是只能用無線網路（例如 New MacBook）呢？那就不用麻煩了，直接連接你家的無線網路就好啦～請點擊螢幕右上角的無線網路圖案（如上圖標示），接著再點擊你家的無線網路名稱、並在跳出來的視窗中填入無線網路密碼，等密碼驗證通過就完成連線了。

利用你的 iPhone 來上網

所謂熱點服務，就是將你手機的 3G/4G 行動網路分享給電腦，讓你在沒有無線網路的地方也能上網。iPhone 與 macOS 的熱點連接有三種方式：無線網路、藍牙、以及 USB，其中無線網路最方便也最耗電、藍牙網路雖然比另外兩個都慢但最省電、USB 網路反應速度最快但會耗用電腦的電力來幫手機充電。三種方法各有優缺點，可以依照你當下的狀況來選擇，例如手機快沒電但電腦電力很滿，那就可以用 USB 上網順便幫手機充電；反之則可以用無線網路或藍牙來節省電腦電力。

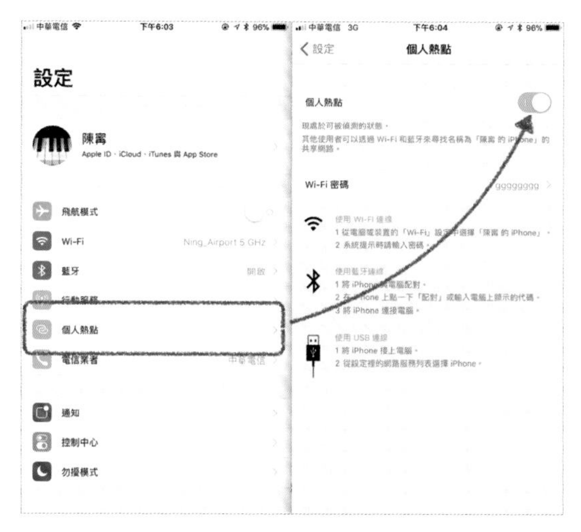

▲ iPhone 熱點啟動介面

要啟動熱點必須先從手機著手，請依照上圖的順序從 iPhone 的系統設定裡將熱點功能開啟並設定密碼。

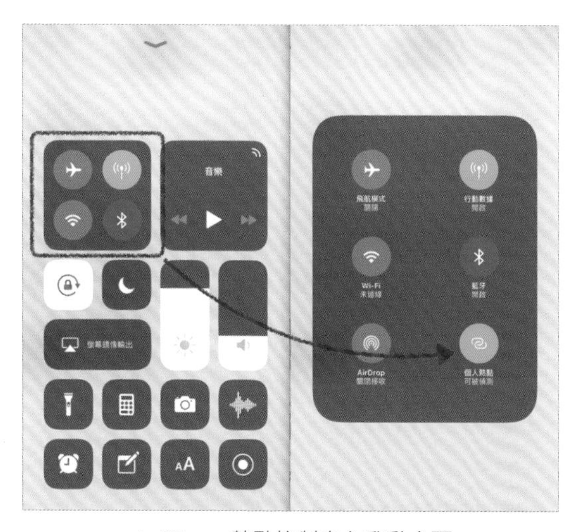

▲ iPhone 熱點控制中心啟動介面

如果你要透過 USB 連線，只要把手機用 USB 線插上電腦即可；但如果你要透過無線網路連線，請直接從螢幕右上角的無線網路圖示中找到你的手機，再點擊輸入密碼之後就可以連線了。此外，從 iOS11 開始，除非你需要更改密碼，否則啟閉 iPhone 熱點都可以直接從 iPhone 上的控制中心（由螢幕下緣往上滑出）中控制，直接用力按壓左上角的按鈕，就可以進入如圖所示的介面，右下角的按鈕就是 iPhone 熱點開關。

▲ 藍牙配對圖

藍牙設定最麻煩，不但要先啟動手機的熱點功能，還要從電腦的系統偏好設定（螢幕左上角蘋果圖案）中進到網路選單中啟動「藍牙 PAN」連線，再依照上圖的順序找到你的手機並點擊連線，這樣才能讓電腦透過手機上網。

▲ 藍牙 Pan 設定圖

不過藍牙網路在 iPhone 進入 BlueTooth 4.0 之後變得非常非常省電，如果電力有點不足了，那就使用藍牙連線吧！上述的做法適用於老舊的 Mac 電腦或是其他人的電腦要使用 iPhone 熱點的操作情境。如果是自己的電腦或蘋果裝置要使用自己的 iPhone/iPad（iCloud 皆登入相同 Apple ID）熱點來上網，就可以直接使用蘋果「接續互通」中的快速啟用熱點功能連線，詳情請見本書第九章。

搞定系統語言及輸入法，世界各國語言都能通！

macOS 並沒有依照國家分版本，所有從 App Store 下載的 macOS 都是相同的「全球版」，從輸入法到系統語言都支援全球多數語系。因此如果你要從國外買電腦回台灣也不需要擔心作業系統的語言問題，只要依照下面的步驟將系統語系及輸入法重新設定，全世界任何國家買的蘋果電腦都可以在台灣以「正體中文」的模式使用。

更改輸入法，想怎麼輸入就怎麼輸入

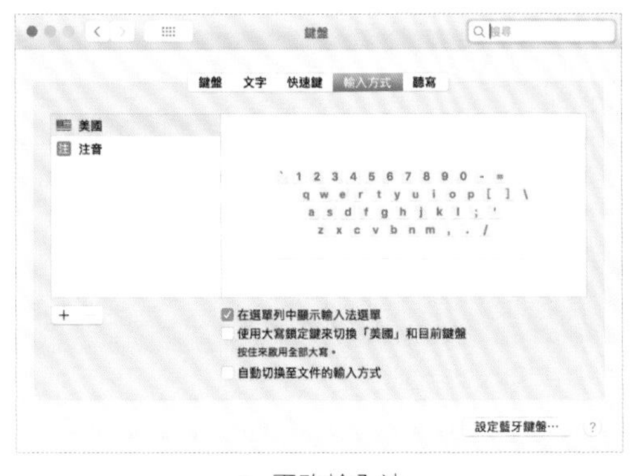

▲ 更改輸入法

首先請從系統偏好設定（點擊螢幕左上角蘋果圖案）進入，接著依序進入「鍵盤」→「輸入方式」，就可以看到左圖的視窗介面，接著再點擊視窗中的「加號＋」就可以新增不同的輸入法了。如果你需要使用嘸蝦米等不存在於 macOS 裡的第三方輸入法，也可以在安裝輸入法之後依照左圖的步驟啟用你新增的輸入法。

▲ 輸入法切換選單（鍵盤與滑鼠點擊）

你可以直接用滑鼠點擊螢幕右上角的小國旗圖案（注音則是「注」小標示）切換輸入法。或是直接用輸入法切換快速鍵「Command+ 空白鍵」，當你有多種輸入法需要切換時，則請長按上述的快速鍵，就可以叫出輸入法選單了。

隱藏功能：超好用的特殊符號面板

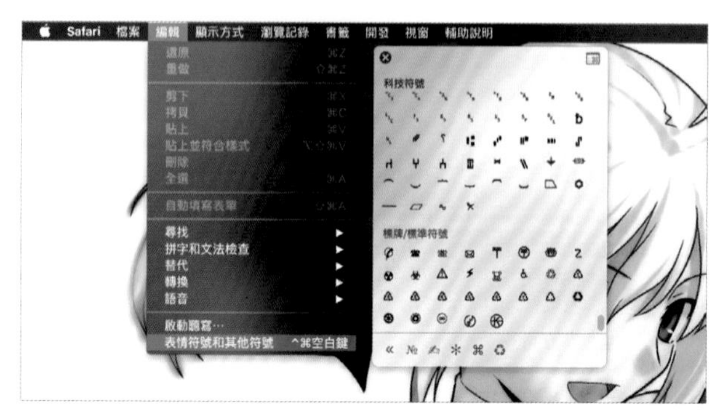

▲ 特殊符號面板選單叫出方法

如果要輸入特殊符號，例如數學羅馬符號、或是一些箭頭、方塊、商標「TM」符號時，macOS 特別設計了能瀏覽並輸入所有特殊符號的選單。叫出上圖面板的方法很簡單，只要直接按下鍵盤的「Control+Command+ 空白鍵」，或是直接點擊「編輯」→「表情符號和其他符號」就可以叫出面板。

▲ 更詳細的特殊符號面板視窗

只要你再點擊面板選單右上角的圖示，就可以叫出如上圖的視窗。找到你想要的符號之後，用滑鼠雙點擊該符號就能將它加入文字中了。

把整台電腦改成別種語言，不需要重灌喔！

macOS 是多語言作業系統，能同時運行不同語言的程式而不會產生亂碼，且多數 macOS 應用程式本身也支援多語言，能在不同語系設定的電腦上以不同的語言顯示介面。

▲ 切換語系視窗

語系的設定視窗要從系統偏好設定進入，點擊「語言與地區」後就能看到。在視窗中左邊的列表是目前已經啟動的語系，通常都是中文、英文、再額外加個日文之類的，如果你要加入不同的語系，點擊上圖紅框標示的「加號＋」即可開啟語系選擇視窗。

那要怎麼切換電腦系統的語言呢？首先你必須先把要作為系統主要語言的語系從「加號＋」的選單裡面啟用，接著再從上圖視窗左邊的小白框中用滑鼠挪動語系名稱，將你想要作為系統主要語言的語系挪到最上面，接著再重新開機就完成設定了。需要注意的是這裡的語系排列順序關係到你未來應用程式使用的優先語言，假如你將日文排序在英文上面，那麼只要該程式支援日文，就會優先以日文顯示。如果想要更改，只要跟設定語系一樣的方法挪動語系順序即可。

把印表機裝上電腦吧！

要在 macOS 裡安裝印表機大概是所有電腦中最簡單的，因為 macOS 幾乎不需要預先幫印表機安裝驅動程式！ macOS 一直都有將 Mac 板驅動程式打包放在系統裡或系統更新伺服器上的習慣，因此只要你的印表機不是什麼超冷門機種，幾乎任何一台印表機都能在接上電腦之後，由 macOS 系統自動下載並安裝驅動程式。

▲ 安裝印表機

要新增印表機非常簡單，請先開啟系統偏好設定並點擊「印表機與掃描器」進入上圖的視窗，接著再點擊上圖中紅框標示的「加號＋」，開啟下圖的安裝視窗。

▲ 新增印表機

在這個視窗中你會看到目前新增連線的印表機，直接點擊該印表機之後，macOS 就會自動辨識該印表機的型號並列出讓你確認，確認無誤之後請直接點擊視窗右下角的「加入」，稍等一下讓 macOS 自己下載安裝驅動程式之後就完成囉！

如果你的印表機是透過 IP 分享、或是由 Windows 電腦共享出來，那麼就請你點擊上圖視窗中上方的 IP / Windows，再從裡面找到你的印表機即可。

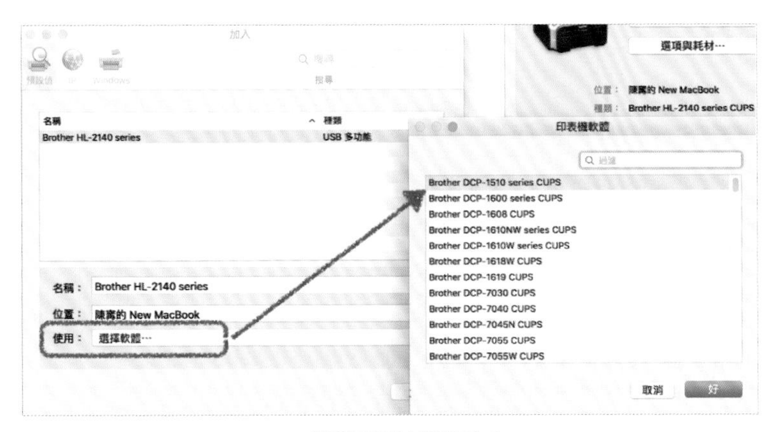

▲ 選擇不同的驅動程式

雖說 macOS 本身就會幫你下載安裝驅動程式，但如果你的印表機硬是無法被電腦辨識，那就只好自己處理驅動問題囉！請從印表機官網下載並安裝驅動程式，接著再從上圖紅框標注的位置依序點擊開啟驅動程式選擇視窗，找到你剛安裝上去的驅動程式之後再點選加入，即可完成印表機設定。

蘋果的最愛：技術先進但卻很難推廣的特規插頭

今天大多數的外接設備都能透過 USB 與蘋果電腦連接，但過去十年、二十年可不是這樣的喔！蘋果從推出電腦以來，就常常因為現行主流插頭規格不佳、或是商業獨佔考量等因素而推出只有自己商品才能使用，或是很想推廣但沒人買單的特殊規格插頭。除了 Mac 用戶以外幾乎很難看到有人用的 ThunderBolt 之外，前面章節中提過的 FireWire 也是很好的例子。

FireWire 又稱為 IEEE1394，與 ThunderBolt 是由蘋果與 Intel 共同推廣不同，FireWire 根本就是由蘋果主導推廣的介面，其他廠商都只是獲得蘋果授權生產，就連「FireWire 火線」這個名詞都是蘋果的登記商標。FireWire 一直都是以先進連接介面自居，一如今天的 ThunderBolt 介面，都是以大幅超越同一世代其他介面的速度而聞名。在 1995 年時，FireWire400 就已能達到最高 50MB/s 的傳輸速度，在那光碟片 700MB 就已是超大容量的時代，FireWire400 的速度根本就是當代的黑科技。爾後 FireWire 速度不斷往上提升，直到最後直接突破硬碟 SATA2 頻寬的 400MB/s，FireWire 一直都是蘋果重視的高速傳輸介面。此外，FireWire 還有串接運行與超高供電規格等特性，例如可透過 FireWire 供應最高達 45W 的電源，或是像 ThunderBolt 那樣透過 Daisy Chain 一台串一台的方式串接高達 63 台裝置，即便從今天的角度來看 FireWire 仍是非常驚人的先進連接介面規範。

雖然 FireWire 擁有眾多 USB 拍馬也趕不上的特性，但由於蘋果企圖從每個 FireWire 裝置上收取 1~2 美元的權利金，使製造商成本暴漲，最後在包含 Intel 在內的 USB 聯盟靠著 USB 低廉開發成本聯手夾殺下，FireWire 成為只有 Sony 這類專業攝影設備廠才會買單的高貴介面，除了攝影機影像擷取、錄音工程介面控制、以及蘋果自己的 iPod、iSight 等硬體設備之外，市面上幾乎看不到什麼 FireWire 應用。此外，蘋果也曾推過前面也有提及的資料傳輸、視訊、螢幕供電多合一插頭 ADC，或是蘋果專屬的鍵盤印表機介面等等，但沒有一個不被市場淘汰。

現在唯一還存活著並成功為蘋果帶來巨額收益的，只有 iDevices 上使用的 Lightning 介面。受益於 iPhone 高達十多億支的全球銷量，使周邊開發商即便需要支付高額 MFi（Made for iPhone）授權金，仍甘之如飴地繳交保護費給蘋果。但即便如此，蘋果內部對於是否要堅守 Lightning 介面與 MFi 授權仍有爭議，未來是否連這最後的蘋果特規插頭都會從市場上消失，我們就只能靜觀其變了。

達人操作秘技「快速鍵」、「觸控板」、「Mission Control」

macOS 的前身 Mac System Software 是第一個商業化的圖形化介面，因此蘋果花了非常大的功夫在「讓使用者更容易操作」這件事上。在蘋果電腦還沒有像現在擁有諸多觸控板 / 滑鼠手勢之前，蘋果作業系統的簡化操作設計就體現在鍵盤快速鍵上。爾後隨著 macOS 更新版本的推進，蘋果為 macOS 帶來全新的觸控板手勢（源自於 iPhone）以及好用的視窗切換功能 Mission Control。

以下將針對這三個學會才能踏上「蘋果達人」之路的重要 macOS 加速操作秘技，讓你從此不需要再事事都倚賴滑鼠點擊，讓工作效率翻倍！

必學起手式：快速鍵

▲ MacBook 鍵盤（出處：蘋果官網）

如果你曾經聽朋友說「蘋果鍵」，那麼你那位朋友想必是位蘋果老手。因為蘋果鍵原名 Command 鍵，但在較老的 Mac 鍵盤上卻多印了一個蘋果圖案，因此有不少使用者會把它稱作「蘋果鍵」。不過現在的新鍵盤已經沒有蘋果圖案了，都是改成單純的 Command 字樣以及那看起來像蝴蝶的小圖示，想想還真是有點可惜呢～

- Command 鍵 ⌘
- Control 鍵 ^
- Shift 鍵 ⇧
- Caps Lock 鍵 ⇪
- Option 鍵 ⌥
- Fn 鍵

▲ 快速鍵對應表

由於 macOS 選單列通常都不寬，不可能把快速鍵都用文字敘述的方式寫出來。因此蘋果為這些快速鍵各自設計了相對應的符號，上圖是快速鍵符號的對應表，分別對應鍵盤上的 Ctrl/Option（alt）/Command/Shift 等按鍵。

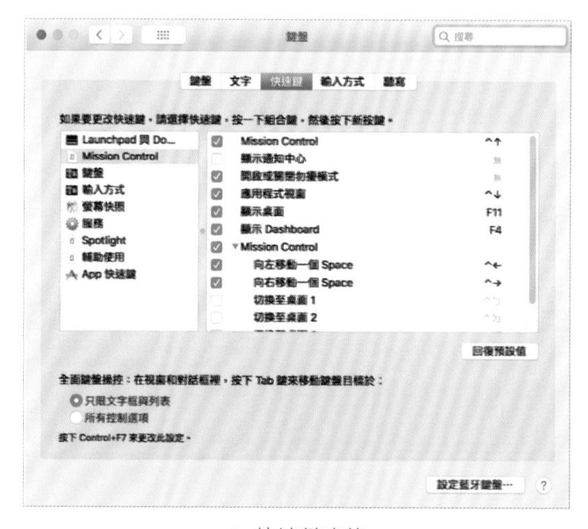

▲ 快速鍵查詢

蘋果的快速鍵多如牛毛，要一一背起來恐怕不是那麼容易，即便你真的背起來也未必用得到。因此我建議，只有在你認為該功能很常用到時，再去查詢相對應的快速鍵組合。查詢方法很簡單，請從程式選單列中找到你要使用的功能，就能從該功能的後方找到相對應的快速鍵組合，把它背起來就可以囉！

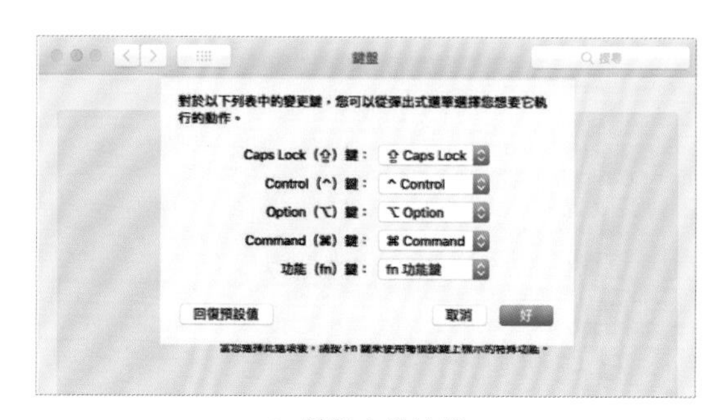

▲ 鍵盤交換按鍵

常常有人會問：蘋果電腦可以用 Windows 鍵盤嗎？

答案當然是肯定的，只要你的鍵盤符合一般的鍵盤 USB 驅動（或藍牙），任何一個鍵盤都可以在 macOS 使用。但必須特別注意，如果你的鍵盤並非專為 macOS 設計，那麼鍵盤上的 Command 鍵與 Option 鍵的位置就會跟原廠鍵盤相反，變成靠近空白鍵的是 Option、較遠的則是 Command，用起來就會很怪。

這問題只要靠修改電腦設定就能解決，請從系統偏好設定進入「鍵盤」，接著再依序點擊的「鍵盤」→「變更鍵」，接著再如上圖這般將 Option 與 Command 兩個按鍵交換過來即可。

Mission Control，macOS 的視窗管理集大成之作

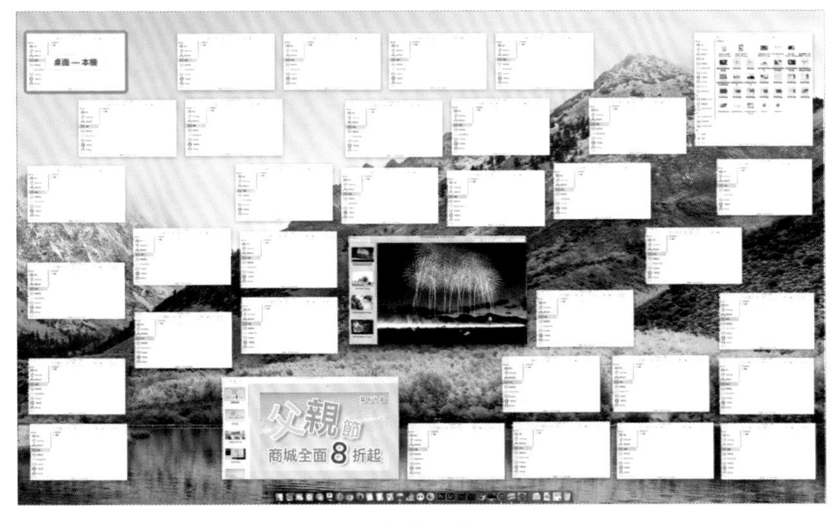

▲ Exposé

Mission Control 並不是什麼全新推出的功能，早在 2003 年的 Mac macOS 10.3 就已有此功能的前身「Exposé（要念 ㄟ ㄎ ㄙ 坡 ㄙㄟ ˋ）」了。Exposé 在當時是非常炫的視窗管理機制，2003 年電腦繪圖效能還不像現在這麼強大，能用非常流暢且迅速的方式把視窗快速散開且能「持續播放影片」是一件非常神奇的事情，在當時的發表會上獲得的如雷掌聲可不比 iPhone 發表來得遜色，雖說現在看來也沒什麼了不起，但回想一下你 2003 年時電腦都在幹嘛想想能做到這麼順也真是頗神奇的。

後來這個視窗散開的功能也可以在 Linux、Windows 等系統上看到，相對於其他系統的「致敬」，macOS 也不甘示弱的回敬 Linux「多工作桌面」功能（當時叫做 Space），讓使用者可以擁有多個乾淨的桌面來放置不同類型的視窗，並一次性的快速切換。

結果在你抄我、我抄你的互相「致敬」下，視窗與桌面管理功能越來越強大的 macOS 索性把所有的視窗管理機制統合起來，並從 macOS 10.7 開始改稱「Mission Control」。

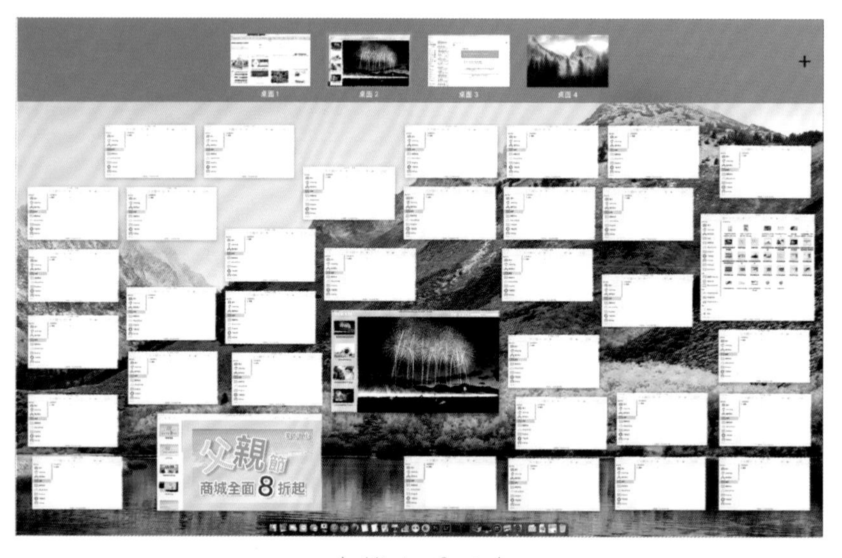

▲ Mission Control

Mission Control 操作模式承襲 Exposé 及 Space，有「顯示所有視窗」、「顯示單一程式所有視窗」、「切換不同工作桌面」、「顯示桌面」、「顯示 DashBoard」等五個功能，這些功能都能透過電腦鍵盤的 F1 ~ F15（蘋果原廠的全尺寸鍵盤有到 F15）啟用。

Mission Control

Mission Control 會以整合的排列顯示方式，讓您概覽所有已打開的視窗、全螢幕應用程式的縮覽圖和 Dashboard。

☑ 根據最近的使用情況重新排列 Space
☑ 切換至應用程式時，切換至含有應用程式打開視窗的 Space
☐ 依據應用程式將視窗分組
☑ 顯示器有單獨 Space

Dashboard：作為覆疊

鍵盤和滑鼠快速鍵

按下一個按鍵即可檢視所有已打開的視窗，目前的應用程式視窗，或隱藏視窗來找出桌面上可能被遮住的項目。

Mission Control：^↑
應用程式視窗：^↓
顯示桌面：F11
顯示 Dashboard：F4

（如需其他選項，請按下 Shift、Control、Option 或 Command 鍵）

熱點⋯

▲ Mission Control 快速鍵設定

不過每一時期的蘋果鍵盤、筆電的定義鍵盤都不一樣，因此我建議直接從系統偏好設定來看對應的快速鍵會比較方便。請直接點擊電腦螢幕最左上角的蘋果圖案，選擇「系統偏好設定」進入上面的視窗，再點擊第一排左邊數過來第四個的「Mission Control」。

功能一：顯示所有視窗

▲ 顯示所有視窗

Mission Control 這功能似乎沒有一個正式的中文名稱，所以就別管它的中文名字啦！你只要記得它的功能是「顯示所有視窗」就可以了。在你按下 Mission Control 的快速鍵之後，就會如上圖展開所有視窗，同時在最上方也會顯示你目前所開啟的工作桌面，你可以在這裡看到所有視窗與桌面。

這個源自 Exposé 的功能其實是個非常「智慧」的管理機制，跟 Windows 那抄得四不像的翻頁機制實在差太多太多了。首先 Mission Control 會自動分類你的程式，再依據程式的視窗大小編排適當的排列位置，當你因為開太多程式而開始找不到視窗時，這個功能就非常好用了！

▲ 在視窗上按空白鍵

你可以在想要放大的視窗上按空白鍵，按了之後就能如上圖將單一視窗放大，接著再按一下空白鍵就可以讓它縮回去，就能讓你輕鬆找到需要的視窗了。不過如果你的視窗真的開了太多，還可以用另一個更好用的方法：展開單一程式的所有視窗。

功能二：多工作視窗切換（Space）

Space 在 Mac OS X 10.5 時是一個跟 Exposé 分開的獨立功能，能讓使用者不斷新增新的桌面，並把不同的程式視窗放到新桌面裡，之後要切換工作時就可以直接整個桌面切換，不需要從一堆視窗中找到你要的程式。從 OS X 10.7 功能開始，Space 就跟 Exposé 一起被併入 Mission Control 裡，因此呼叫的快速鍵就跟「顯示所有視窗」一樣，畫面看起來也差不多。

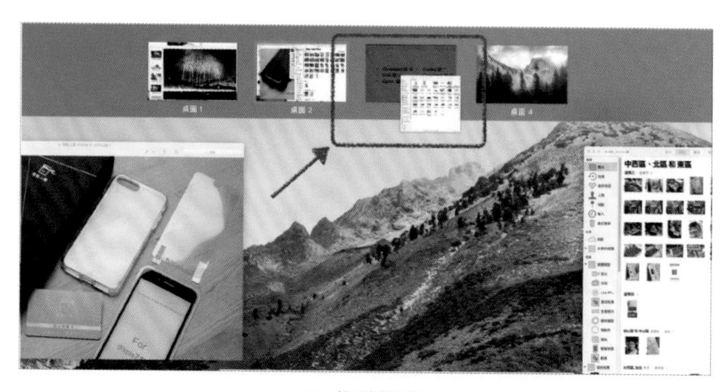

▲ 拖移視窗

操作方法非常簡單，開啟 Mission Control 介面後，就能看到所有的桌面都被排列在畫面的最上方（我開了四個），你可以任意地把應用程式的視窗拖進該桌面中，讓你可以把應用程式各自分類到同一個桌面中，避免同一個桌面塞進太多視窗的問題發生。

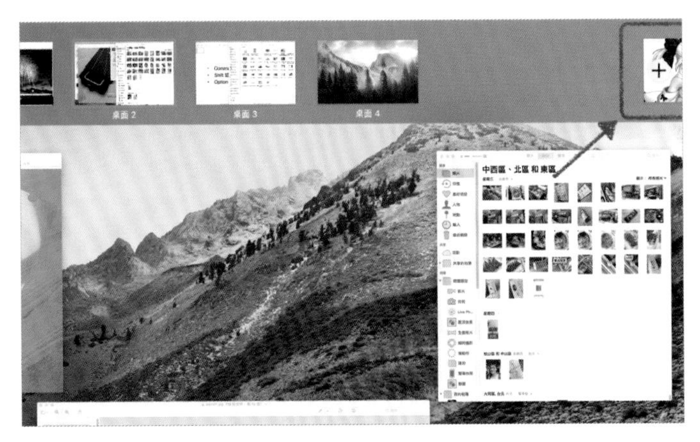

▲ 新增桌面

要新增桌面的方法很簡單，只要把視窗拖到畫面上方「沒有桌面」的位置，就會看到有一個新的桌面偷偷地從畫面右邊冒出來（上圖右邊有一個空白的桌面正在跑出來），放開滑鼠之後就能新增視窗啦！要關掉桌面也很簡單，只要把游標放在任何一個桌面上久一點，就會出現一個「X」，點擊之後就可以關掉了。

▲ 右鍵固定視窗

如果你希望一個視窗永久固定在某一個桌面上，例如「郵件一定要固定在第三個桌面上」，請直接在 Dock（就是用來放應用程式圖標的那排）該應用程式上按滑鼠右鍵，選擇「選項」→「指定到」，再選擇你想要指定的桌面即可。日後只要開啟該應用程式，便會自動導到你指定的桌面，避免不必要的應用程式疊在一起的問題。

顯示 Dashboard

DashBoard 其實是一種叫做「Widget」的小工具，就像今天 Android 手機那些漂浮在螢幕上的計算機、時鐘、便條紙，兩者都是一樣的「迷你應用程式」。DashBoard 是在 2005 年時加入 Mac OS X 10.4 的功能，能讓使用者快速叫出小算盤、便條紙、月曆等功能，且能夠從網路下載不同的小工具加入並重新編排顯示方式，有興趣的讀者可於 Google 上搜尋「Mac Widget」，就能找到不少好用的小工具。

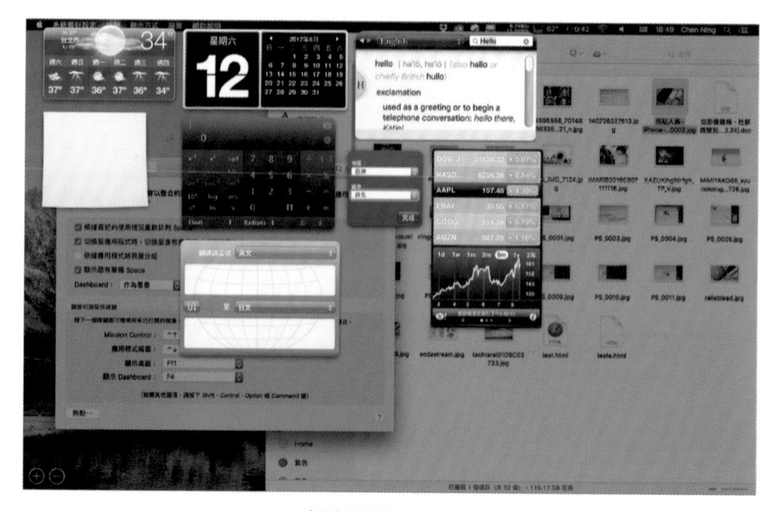

▲ 半透明顯示 Dashboard

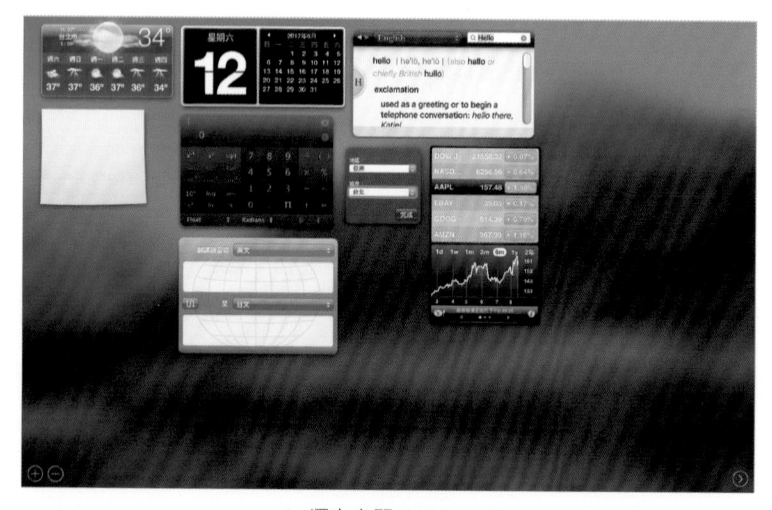

▲ 獨立空間 Dashboard

原先 Dashboard 是直接半透明顯示在既有視窗上，你就可以看著底下的文件按計算機。但不知為何，蘋果在 Mission Control 中將 DashBoard 改成「獨立桌面空間」顯示，變成如上圖把所有小工具都放在一個獨立的空間裡，這樣就無法像過去那樣一邊看文件一邊寫便條、按計算機了。

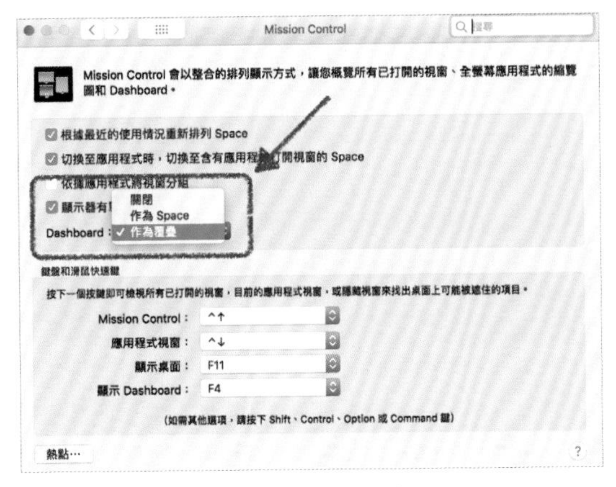

▲ DashBoard 設定

要改回來非常簡單，請從系統偏好設定進入「Mission Control」，再將上圖紅框圈起來的 Dashboard 設為「作為覆疊」就可以了。

顯示桌面

▲ 顯示桌面

這功能其實很單純，就是把所有視窗排開，讓你可以看到桌面上的東西。由於要按快速鍵才能啟動，因此平常使用並不是很直觀，不如 Windows 那樣直接點螢幕上的圖示來得簡單。但如果你能額外設定來搭配下一個主題「熱點」，使用起來就比 Windows 來得方便囉！

善用熱點，不按快速鍵也 OK

▲ 熱點設定圖

Mission Control 有四個熱點，分別位於螢幕的左上、左下、右上、右下四個角落。這些熱點的操作非常簡單，只要你預先設定好熱點對應的功能，再把滑鼠移動到指定角落上就可以呼叫該功能啦！例如我把右上角設定為「桌面」，這樣只要把滑鼠移動到螢幕右上角就能讓所有視窗自動消失並顯示桌面讓你找東西，非常方便！

耍帥小秘技：慢動作 Mission Control

正如前面章節所說，不論是 Mission Control 的前身 Exposé、或是會隨著滑鼠移動放大縮小的 Dock，在設計之初同時也含有展示 macOS 強大繪圖引擎的用意。因此當時的 macOS 工程師在系統中加入一個非常有趣、但卻一點意義也沒有的特效「慢動作」，用以展示 macOS 的繪圖能力。

這個功能到今天還能使用，只要你在啟用 Mission Control 的任何一個功能時同時按著鍵盤的「Shift 」鍵，就會看到所有視窗用非常慢的速度移動喔！

讓 MacBook 再也不需要滑鼠的超讚觸控板

從 2006 年改用 Intel CPU 的新一代 MacBook 家族開始，蘋果就將「多點觸控」這個影響未來十年操作介面設計的重要概念引入筆電之中，那時沒有 iPad、也沒有 iPhone，MacBook 就是唯一擁有多點觸控應用的電腦。

▲ MacBook 舊型觸控板

不過那時的多點觸控並不像現在一樣可以放大縮小、還能放好多根手指上去。一直到 MacBook 系列改用現在的無按鍵觸控板以前，蘋果的觸控板都只支援至多兩指的多點觸控，能做到上下左右滾動窗、左右翻轉圖片、以及非常重要的「滑鼠右鍵」功能——因為在這之前，蘋果電腦無論滑鼠或觸控板都沒有右鍵，只能按著 Ctrl 鍵再用滑鼠點擊來打開右鍵選單。

▲ TrackPad（出處：蘋果官網）

後來蘋果升級筆電觸控板，首先將唯一的巨型按鍵去除改為藏在觸控板下方，讓整塊觸控板「都可以按壓」。其次，蘋果將觸控板的多點觸控升級，提升到手指完全擺不下的「十一點觸控」。由於搭配觸控手勢之後讓觸控板變得非常好用，甚至有人喜歡觸控板勝過滑鼠，因此蘋果後來索性將觸控板商品化，推出給桌機使用的藍牙觸控板 Magic TrackPad，想來當初為筆電設計觸控板的人也萬萬沒想到，有一天這玩意居然會反攻桌機吧？

多點觸控手勢設定與學習

▲ 觸控板設定頁面

蘋果觸控板之所以受人推崇，除了極為滑順的玻璃表面(觸控板是玻璃，敲到會破！)最重要的就是那多變好用的「觸控手勢」了。自觸控板升級以來，每一次系統改版，蘋果都會增加一些新的觸控板手勢，例如四隻手指向上滑動可啟動 Mission Control、四隻手指左右滑動可切換桌面等等。這些功能你可以在系統偏好設定中的「觸控式軌跡板」中找到設定方法，在該視窗中也會用動態影片的方式教你怎麼用，因此我就不多說了，請大家自己看影片研究吧！

最新蘋果觸控技術，能感測壓力的「Force Touch」

2014 年蘋果推出自己的穿戴式裝置 Apple Watch，首次推出號稱能「重新定義觸控操作」的壓力感測觸控模式「Force Touch」。Force Touch 後來也用在 iPhone 6s/6s Plus(手機上叫做「3D Touch」)、New MacBook、MacBook Pro Retina、以及第二代藍牙 Magic TrackPad 等產品。

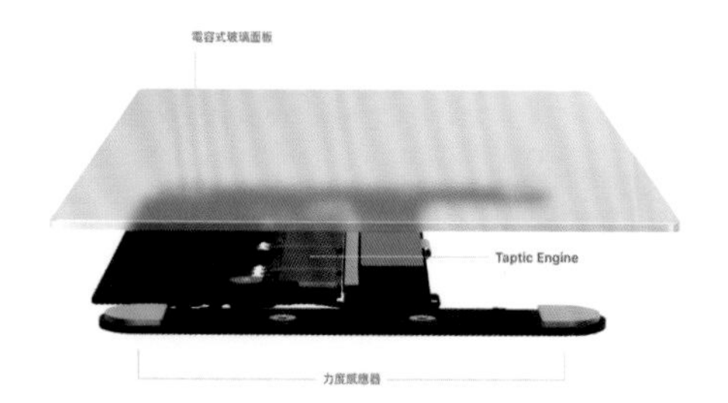

▲ MacBook 觸控板與手指(出處：蘋果官網)

Force Touch 最大的特點，就是它不僅能感應手指是否壓下，同時還能感應使用者壓下的「力道」。有了 Force Touch，使用者觸控就不再只有拖移、點擊兩種操作，還能再加上「按用力一點」跟「輕輕按」等無段式觸控操作。

如此一來，蘋果觸控板就能夠依照使用者按壓的力道來做出不同的反應，例如發表會上演示的「用力按壓快轉影片」、或是用來取代原先三指拖移的「輕壓拖移」等等。目前 Force Touch 的應用還非常有限，畢竟程式廠商也還在摸索壓力感應的應用方式，但目前單就 macOS 內建的 Force Touch 應用如輕壓拖移等，就已經非常好用、甚至勝過前一代的三指拖移了，Force Touch 絕對會是蘋果繼多點觸控之後的下一個操作革新。操作的方法一樣可以在觸控式軌跡版設定頁面中看到，有興趣的朋友就請自己研究囉！

小秘技：用拖、拉、放就能做很多事！

▲ 將網頁圖片拖到桌面

以前在 Firefox 網頁瀏覽器上有個外掛，能讓使用者直接把網頁上的圖片拖到桌面存起來。不過 macOS 並不需要那些外掛，只要你在網頁上看到圖片，都可以直接用游標將它拖移到桌面上存起來（如上圖），而且這功能不僅限於存在桌面上，你還可以將圖片拖移到 Photoshop、Pages、Word 等文件編輯頁面中，比起在圖片上按右鍵儲存，這招拖拉放無疑是更節省時間的辦法。另外，這功能也適用於文字上，只要你先把網頁文字反白框起，再直接拖移出網頁就可以用文字片段的形式儲存在桌面上了。

蘋果電腦觸控介面大革新：Touch Bar

▲ Touch Bar 圖 1（出處：蘋果官網）

在第三章介紹蘋果電腦選購時，有提到現行版 MacBook Pro 搭載了一種安裝在鍵盤上方，取代原有 F1 ～ F12 功能鍵的長條形 OLED 觸控螢幕。很多人一定覺得很奇怪，只不過是一條小小的觸控 Bar，對於整個觸控介面到底有什麼革新呢？

蘋果在電腦的發展歷史上為我們帶來了多次控制介面革新，從最開始的滑鼠、Newton 手持電腦的觸控筆、iPod 轉盤、iPhone 與電腦觸控板的 Multitouch 多點觸控、再到現在 Mac 觸控板 /iPhone/Apple Watch 等裝置上配備的壓力感應觸控 Force Touch/3D Touch，這些控制介面每一次都為我們的科技設備操作體驗帶來革新，也同時影響了市場上其他品牌產品的設計理念。一直以來，蘋果在每一次操作介面革新上往往會迎來市場的質疑，在觸控螢幕上卻從 iPhone 推出開始就受到各家廠商的跟隨，也順利將觸控螢幕的概念推向科技產品操作概念的每一個角落。然而在對於「電腦是否需要觸控螢幕」一事上，蘋果卻與另一科技巨頭微軟漸行漸遠，甚至到了理念完全相反的地步。

▲ Surface Studio（出處：Microsoft 官網）

微軟認為個人電腦就應該配備觸控螢幕，且在歷經 Windows Phone 的失敗之後，微軟也完全放棄另外發展個人手持裝置系統的想法。於是微軟不但將自家作業系統往觸控操作的設計方向前進，甚至還自己研發觸控平板筆電 Surface 與觸控桌機 Surface Studio。於此同時，蘋果對於觸控螢幕電腦又是什麼想法呢？賈伯斯生前就曾在發表會上表態，他認為使用電腦時還需要抬著手去觸碰螢幕是一件不合宜的事情，因此蘋果將觸控操作的理念在 iPhone/iPad 上發揮得淋漓盡致，為了滿足商業、專業用戶需求，蘋果不僅推出超大平板 iPad Pro 12.9 吋，甚至在 iOS11 上為 iPad Pro 加入類似 macOS 的 Dock、多工切換、視窗切換、多媒體檔案拖拉放等操作方式，讓這些手持裝置能在保有觸控操作介面優勢的同時，仍能擺脱娛樂裝置的污名，朝著能滿足使用者商業、影音圖像專業、文書等各領域需求的方向邁進。

為了讓蘋果電腦的操控能更先進但又不希望朝著賈伯斯厭惡的觸控螢幕發展，因此蘋果大力推動觸控板操控，從移除實體按鍵、加入多點觸控、再到現在的超大觸控板與 Force Touch 壓力感測等等，都是蘋果企圖讓電腦能有更多樣化且更方便的操作介面所做的努力。但問題來了，現在觸控板在新版 MacBook Pro 上已經放大到近乎靠手區的一半大小了，而且能加入的東西也加得差不多了，蘋果還能在什麼地方動手腳呢？這時候答案就很明顯了：鍵盤。蘋果一直以來倚賴快速鍵讓專業使用者能快速有效率地操控電腦，但終究還是有些不足，例如一些特殊的複合功能、數值控制拉條等都是無法用快速鍵操控的，終究還是得靠著滑鼠點擊拖移的方式處理，因此蘋果決定找個地方來放置一塊可以自定義顯示畫面與操作功能的觸控螢幕，而這塊合適的風水寶地，就是已逐漸不敷使用的「Function Key」。

▲ Function Key（出處：蘋果官網）

Function Key 就是鍵盤上面的 F1~F12（桌機則到 F19），這些按鍵過去肩負著電腦音量、亮度、鍵盤亮度、Mission Control 等控制功能，再搭配 fn 鍵組合後，這些 Function Key 可以提供 24~38 種不同的控制用途。但正如前面所説，這些功能説穿了也就是快速鍵的一種，光是像影片剪輯的 TimeLine 時間軸、Photoshop 的顏色調整拉條等功能就無法靠著快速鍵來微調，靠觸控的方式來控制絕對是很好的解決方法。因此蘋果決定將 Function Key 一整排通通都拿掉，改成一條長長的 OLED 觸控面板「Touch Bar」，讓程式設計者或電腦使用者可以自行定義上面顯示的功能按鍵，從功能到按鍵大小都能任意改變，也能針對不同的 App 顯示不一樣的調整功能。

▲ Touch Bar 圖 2（出處：蘋果官網）

如此一來，蘋果就能解決不要觸控螢幕，但卻能實現如 iOS 隨著 App 不同而在螢幕上顯示出相應控制按鍵的特點，且不再受到鍵盤按鍵數量的限制，能做出無限多種不同的快捷控制可能。由於 Touch Bar 的位置剛好介於螢幕與鍵盤的中間，因此在控制時，使用者並不需要將視線離開螢幕或鍵盤，能在兩者之間快速來回，非常方便。

不過 Touch Bar 雖然看似美好，但由於實在太過挑戰使用者的習慣，因此推出以來一直都是毀譽參半的狀態，甚至還有使用者因為不習慣而指名購買沒有配備 Touch Bar 版本的 MacBook Pro。只是蘋果對於新操作介面一向都是抱持著「你給我想辦法習慣」的霸道作法，因此至少短期內應該是不會看到蘋果放棄 Touch Bar 了。至於以後會不會推翻賈伯斯的見解推出觸控板 MacBook Pro 呢？我想至少幾年內蘋果應該還是會繼續死守筆電不觸控、要觸控找 iPad 的底線才是，除非真有一天 iPad 撐不住退場，否則實在沒有道理要推出自己打臉的產品來搶市場啊！

LESSON 7 用 Finder 管理檔案，讓工作效率大提升

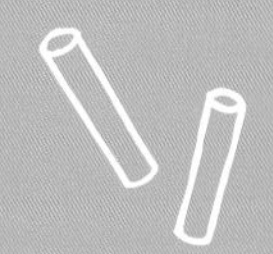

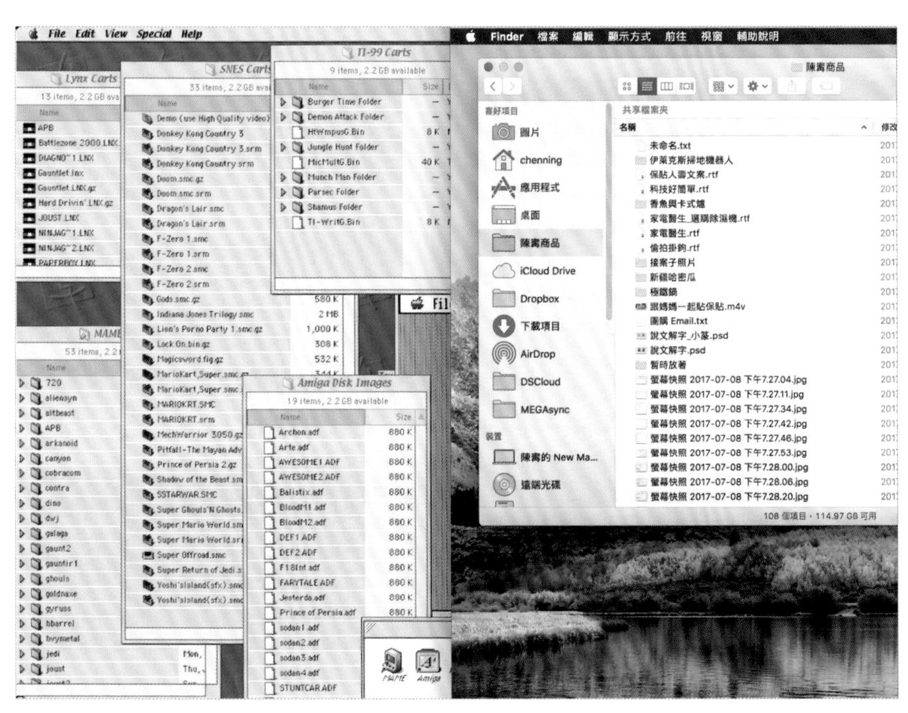

▲ OS 9 與 macOS Finder 對比圖

Finder 是 macOS 中用來管理、檢視所有電腦資料的程式，相當於 Windows 中的「檔案總管」。它是 macOS 中現存最古老的蘋果原廠程式，從蘋果圖形化介面電腦「Macintosh」的 Mac System Software 開始就靠它作為電腦的資料管理程式，雖然歷經多次改版、打掉重練、更換 ICON 圖示，但不管如何變動都不曾更改過「Finder」的名號。上圖為 OS 9 與 macOS Finder 的對比圖，左邊為 OS 9，可以看到 Finder 的介面其實沒什麼改變。

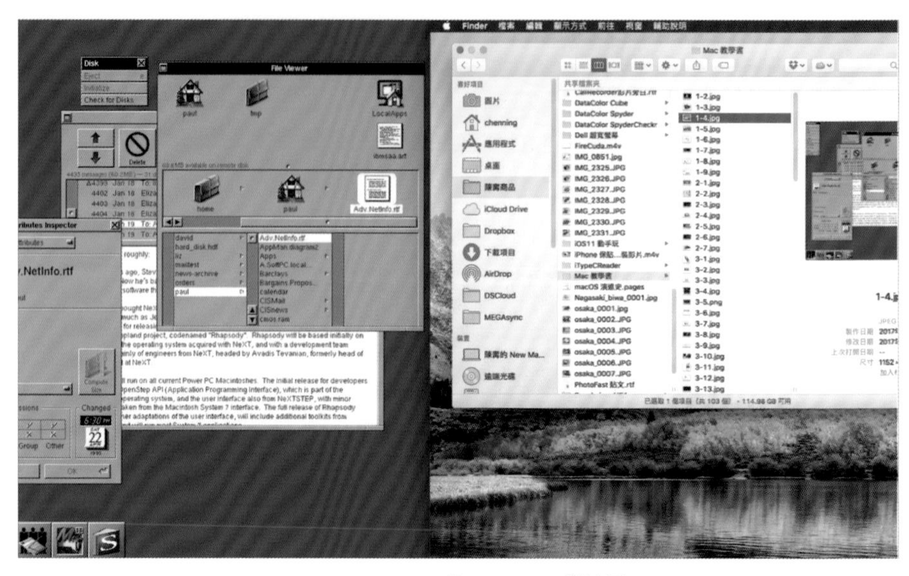

▲ macOS Finder 與 NeXTSTEP 對比圖

在 Classic Mac 的年代，受限電腦效能與儲存空間限制，資料的數量、種類、豐富度等都遠低於現在的狀況，因此 Finder 的功能也相對簡陋，單純只是個用來檢視磁片中資料的介面。然而現在資料量龐大，多媒體資料種類也越來越豐富，因此自 macOS 重新改寫 Finder 架構並引入 NeXTSTEP 的欄式介面後（上圖左為 NeXTSTEP，右為 macOS Finder），每一次改版 macOS 都會替 Finder 加入全新的使用介面與功能，例如好用的快速預覽 QucikView、源自 iTunes 的翻頁式預覽 Cover Flow、新加入的 Finder 分頁、結合高速資料搜尋 Spotlight 等，讓 Finder 功能越來越強大，不僅能讓你更快找到需要的資料、重新整理組織資料架構，甚至連閱讀文件、連接網路伺服器等都能辦到。

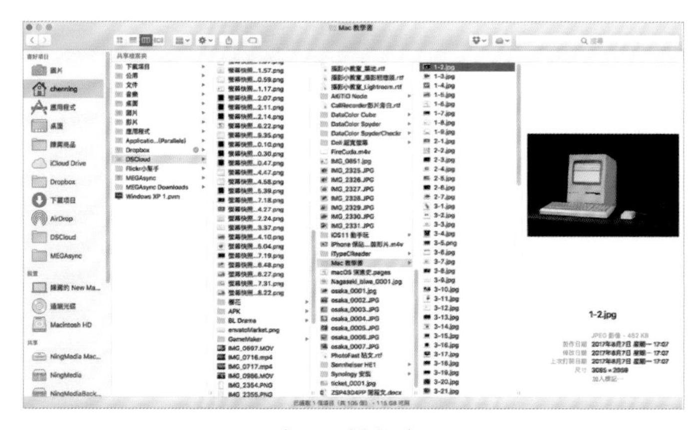

▲ macOS Finder

雖說 Finder 從 1983 年第一代推出以來已歷經三十多年的變革，但其實 Finder 介面從 macOS 改版以後就沒有什麼太大變化，除了一直增加的新瀏覽介面、新功能、以及隨著 macOS 介面設計語言改變的外皮風格之外，基本上只要搞懂 Finder 任一個版本的使用邏輯，未來不管怎麼改動都能輕易上手。

本章將從 Finder 介面設計開始談起，再進入 Finder 的資料整理、操作秘技、特殊功能介紹等，讓各位瞭解 Finder 的強悍之處並深入學習使用。

截然不同的設計，macOS 該如何整理組織資料文件？

我在長期的 macOS 教學中發現，多數首次接觸 macOS 的使用者都對 Finder 感到困惑，不僅是介面完全不同，磁碟沒有分割成 C/D 槽也讓多數人不知道該如何下手整理資料。其實 macOS 的資料整理邏輯與 Windows 並不相同，也不會在重灌電腦時預設清空所有資料，因此 macOS 並不需要另外切割磁碟分區來儲存資料，而是沿用源自 Unix 系統的使用者資料夾分層。

不分割的磁碟，不流行 C/D 槽的 macOS

▲ 硬碟剩餘容量

一般來說，macOS 預設不分割硬碟（Windows 通常會有 C、D 兩槽），就算買全新的電腦也不會像 Windows 電腦那樣幫你預先分割好，通常都會像上圖這樣把整個儲存空間作為單個磁區使用，不會另外分割磁區。這是因為像 macOS 這種 Unix 衍伸出來的系統都習慣以使用者帳號區分個別的資料與設定，再加上 macOS 還有 TimeMachine 的資料備份及移轉機制，因此把 macOS 的磁碟分割成好幾槽不但無益，反而還會在未來交換資料或備份移轉時產生問題。

很多人或許會擔心假如不分割磁碟，屆時系統掛掉重灌時會把資料全部洗掉，但實際上除非你的硬碟真的完全壞掉且又沒有用 TimeMachine 備份，否則要讓電腦中的資料完全消失並不是件簡單的事。另外，macOS 除非用了格式化重灌，若僅是單純重灌，可以選擇把原來的使用者資料封存起來而不要整個砍掉的安裝選項。

搞懂 macOS 預設資料架構，整理資料超簡單

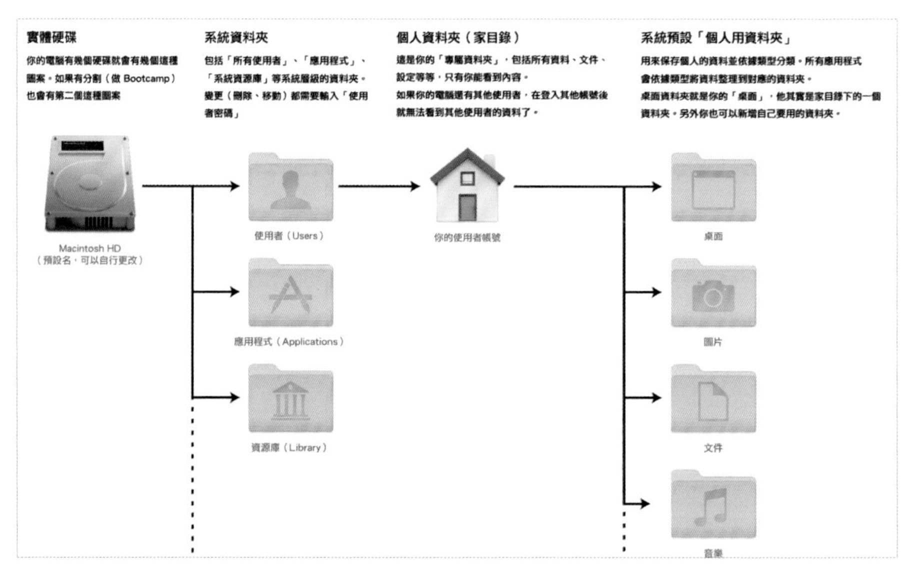

▲ Finder 資料分層圖

Mac 的檔案分層其實很單純，就是如上圖的四層結構。除非你是很進階的使用者，否則一般都只會用到家目錄（home）以後的資料夾，在家目錄上層的「系統資料夾」、「實體硬碟」兩層通常是不會用到的。且這兩個地方的資料夾如果要移動、新增、刪除都需要輸入使用者密碼才能操作，因此並不容易誤刪。

說到資料架構，我想再談談 Windows 的「分割磁區」。前述的「家目錄」檔案管理邏輯看起來好像是 Mac 獨有，其實並不然。如果你仔細檢視 Windows 電腦的 C 槽，會發現裡面也有個資料夾叫「My Document」，裡面包含了上圖中「家目錄」裡面的所有資料夾，大部分的應用程式在儲存資料時也都預設指向這個資料夾。但不知為何在 Windows 上存取「My Document」步驟（要開好幾次資料夾）特別繁瑣、以前也沒有像 macOS 這樣通通放到側邊欄推薦你使用，或許就是這個原因使得大部分使用者都不知道 My Document 資料夾，而必須另外分割磁區來使用吧！

搞懂 Finder 介面設計，輕鬆上手不再霧煞煞

搞懂 macOS 儲存資料的結構之後，想來各位應該就不會再對那沒有分割的磁區感到困惑了吧？接下來就要搞懂 Finder 的介面設計，把結構跟介面搞懂，你就不會再對著 Finder 束手無策、不知該如何下手整理資料囉！

認識 Finder 側邊欄，讓你更快速存取不同資料夾

▲ 側邊欄與設定圖

在 Finder 左側有個側邊欄，可以看到裡面有「喜好項目（資料夾捷徑）」、「裝置（硬碟、光碟、外接儲存）」、「共享（網路上的芳鄰之類的）」、以及「標記（特殊檔案顏色標記，本文末會教）」等四個選項，這四個選項可在 Finder 偏好設定中的「側邊欄」項目中自行決定要顯示哪些項目。歷經多次改版，近年來的新版 macOS 有好幾個項目都改成預設隱藏（例如家目錄），如果你常用的項目沒有出現在側邊欄，請點擊螢幕左上角的「Finder」（如左圖），進入「偏好設定」→「側邊欄」勾選想顯示的項目。

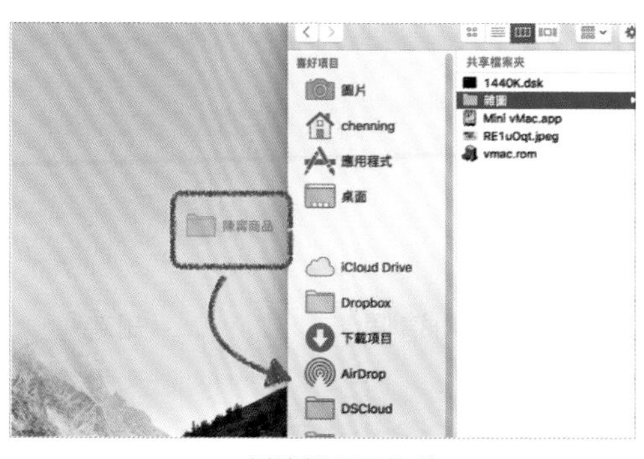

▲ 側邊欄項目拖移

如果你想要把自己建立的資料夾放進去也是可以的！只要直接把資料夾拖進側邊欄就會出現捷徑了。如果想要移動排列順序，只要用滑鼠點著就可以自己拖移位置；想要移除捷徑則是直接把圖示拖離側邊欄。操作非常簡單，請自己試試看吧！

Finder 資料顯示的模式（一）：圖像

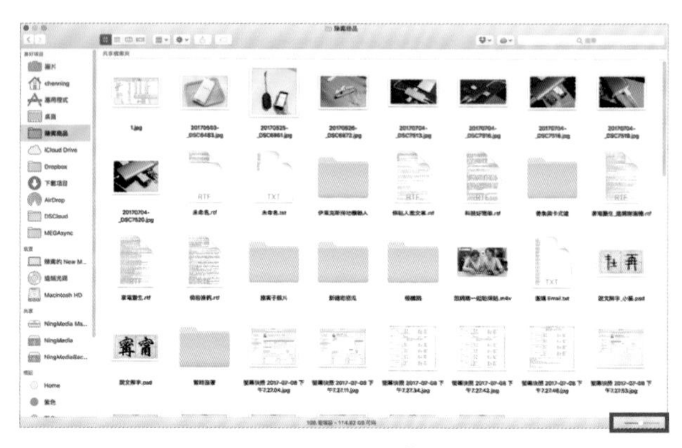

▲ Finder - 圖像

圖像是用來管理照片、預覽文件最方便的顯示模式。只要檔案是 Mac 支援預覽的格式，就可以直接顯示如上圖的圖像預覽。不管是文件、圖片、影片等都可以直接顯示，你也可以直接用右下角的拖拉條（如上圖紅框處）改變預覽圖示的大小，方便你檢視所有的檔案。另外，如果你的電腦比較老、或是還在用傳統硬碟，當圖檔太大時，初次預覽就需要些時間才能全部建立預覽圖示，但新的 Mac 就不會有這種問題。

請注意，現在新版 macOS 的 Finder 預設不顯示上圖視窗最下方的資訊列，請用鍵盤快速鍵「Command+/」把它叫出來即可。

Finder 資料顯示的模式（二）：列表

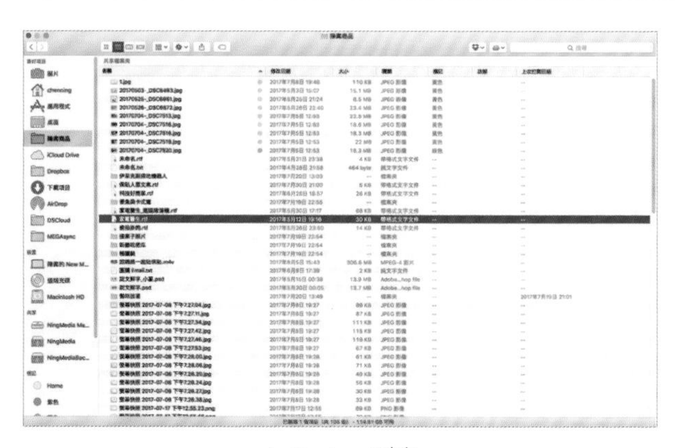

▲ Finder - 列表

列表原先有個三角形可以用來在同一個視窗中展開多個資料夾，但不知為何到了 macOS 10.13 之後這功能突然就消失了！現在列表模式最大的用處，就是一次看到所有檔案的詳細資料，包括佔用的容量空間、檔案總類、標記、修改日期等等。如果你有大量檔案需要排序尋找，在列表模式就可以直接依詳細資料來排序檔案。

Finder 資料顯示的模式（三）：直欄

▲ Finder - 直欄

直欄模式是源自於 NeXTSTEP 的檢視模式，是 macOS Finder 初期就有的檢視模式。在此之前，舊版 Finder 最常用的是圖像模式，一直到 NeXTSTEP 引入蘋果之後才開始有其他檢視模式，其中最經典也最與眾不同的，就是這個超實用的 Column 直欄模式。

此模式開啟資料夾的方式非常單純，當點選資料夾時，旁邊就會顯示那個資料夾裡面的所有資料；如果再點擊「資料夾中的資料夾」，就會往右邊直欄裡繼續顯示下層資料夾中的所有資料夾與資料，直到沒有下層資料夾為止。直欄是我最常用的顯示模式，因為此模式能最快的在每一層資料夾中找到檔案。

▲ Finder - 直欄預覽

如果你選擇的不是資料夾而是圖片、影片、文件之類的檔案，最右邊就會顯示該檔案的預覽畫面。若是 Finder 視窗開得夠大，甚至可以讓你不需開檔案就能從預覽窗格中檢視文件。

Finder 資料顯示的模式（四）：CoverFlow

▲ Finder- Cover Flow

CoverFlow 原本是 iTunes 裡面用來選擇專輯的一個模式（用來翻專輯封面），甚至連彩色螢幕的 iPod Video 都有這個功能。結果在蘋果不斷更新軟硬體後，iTunes 裡原有的 CoverFlow 被取消，反而是後來才加入的 Finder 版 CoverFlow 被留了下來。這個功能其實應該要算是列表與 CoverFlow 的綜合體：上半部會隨著選取檔案而滑動的大圖預覽，下面則是跟列表一樣（但少了展開資料夾功能）的檔案列表。

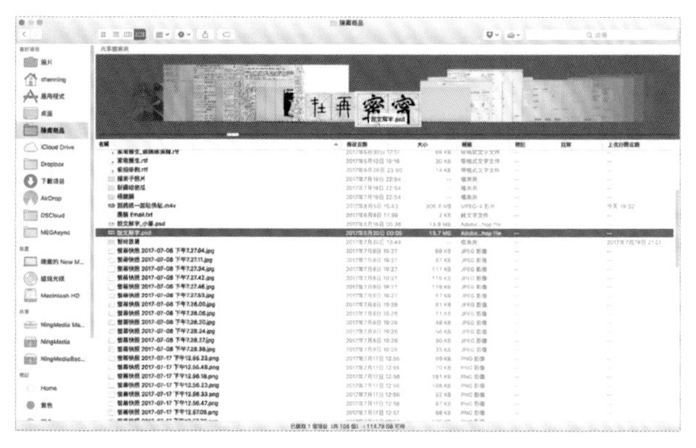

▲ Finder- 更新後的 Cover Flow

使用者可以調整預覽與檔案列表視窗的大小，只要把滑鼠放在兩者之間的界線就可以拉動了。其實這功能在我看來其實除了酷炫之外一無是處，因為你要大預覽圖可以用「圖像」，想要更大的單一檔案預覽可以用「直欄」，想要檔案列表可以用「列表」，我完全看不出 CoverFlow 的意義在哪。不過我倒是很常看到女生用這個功能，大概被留下來就是因為 ... 它看起來很酷炫吧？

用標籤分頁將視窗集合在一起，讓螢幕不再亂糟糟

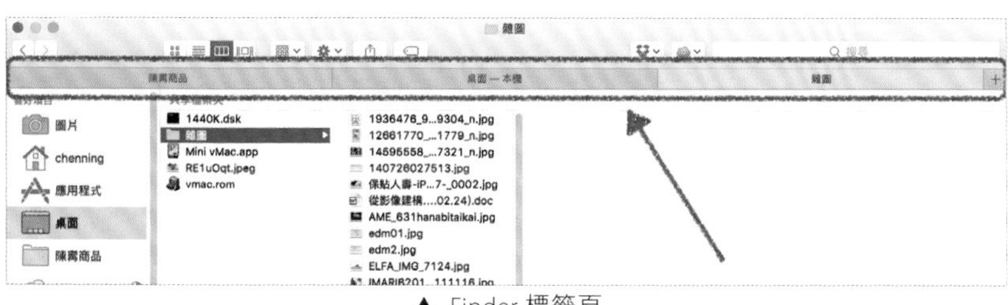

▲ Finder 標籤頁

Finder 曾經被使用者批評的一個重點，就是沒有標籤頁。所謂標籤頁就是像網頁瀏覽器，可以在同一個視窗裡打開好幾個不同的分頁子視窗，讓你在單一視窗中開啟好幾個網頁而不需切換視窗。過去 Finder 沒有標籤頁，因此很多使用者會改用 TotalFinder 等第三方檔案管理軟體來取代 Finder。不過從 10.9 Mavericks 之後 Finder 就把這個很多人想要的功能給寫進來了，所以現在只要在 Finder 視窗上按下「Command+T（跟網頁瀏覽器一樣）」就可以開啟新的分頁了。

但我還是不懂為什麼要有這功能，在我看來開兩個 Finder 視窗還比較實際一點。

排序你的檔案，讓檔案更好找！

Finder 除了可更改四種不同的檢視模式之外，你也可以依照需求重新排序你的檔案。只要在 Finder 最上方（在檢視模式切換按鈕的右邊）點擊排序切換，就可以用不同的方式在 Finder 中排序檔案。

▲ 排序設定

請注意「加入日期」、「修改日期」、「製作日期」三個選項的結果是不一樣的，修改日期是「上一次開啟再存檔」的日期；製作日期是這個檔案第一次被製作出來的日期；加入日期則是第一次被丟進這個資料夾的日期。如果你要用日期排序檔案，請特別注意這三種模式不同之處。

任何時候都能如直欄模式一般顯示「預覽」

▲ 預覽

Finder 的四個顯示模式中預設只有直欄能在視窗最右邊顯示一個大大的「預覽視窗」。但預覽視窗並非限制只有直欄能用，只是其他模式預設不顯示而已。只要你在 Finder 開啟視窗時（任何檢視模式皆可）按下鍵盤快速鍵「Command+Shift+P」，就可以如上圖在視窗的右邊開啟預覽視窗區塊。不過第一次開啟時，這個區塊的面積很小，請你用滑鼠拖移檔案區塊與預覽區塊的邊界調整預覽區塊的大小，就可以擁有超大的預覽區了。

找不到資料時的大絕招：Spotlight

我發現很多人的資料根本不分類，一律全放在桌面上，桌面放滿了就開個資料夾通通收起來 ... 接著繼續放桌面，等滿了再開一個資料夾收起來（包含前一個「資料夾」），再不斷循環下去，同樣的狀況也常出現在各種不同資料夾裡，所有檔案資料完全不分類，直接一股腦塞在一起，就像你把衣服全部一坨塞進衣櫃裡，找不到資料也是理所當然的吧？

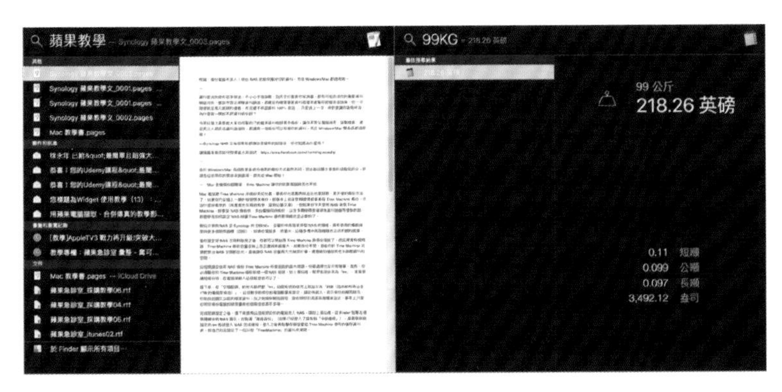

▲ Spotlight

由於電腦容量越來越大、資料越來越多，若還像過去一個資料一個資料慢慢比對檢索，就會像以前 Windows XP，搜尋個檔案也得花很多時間。因此 Mac OS X 在 2005 年 10.4 Tiger 發表時，加入能預先對電腦所有資料建立索引以加速搜尋，且連文件內文都不放過的超強搜尋功能「Spotlight」。這個功能搜尋資料的速度能用「神速」來形容，Spotlight 可在你打字的同時隨著你輸入的每個文字瞬間變換搜尋結果，且不僅能從檔名做關鍵字搜尋，就連純文字、文件、投影片、試算表、PDF、電子書、郵件、訊息… 等內容中找尋符合關鍵字的檔案，最新版 macOS 的 Spotlight 甚至還能幫你換算數值，功能非常強大。

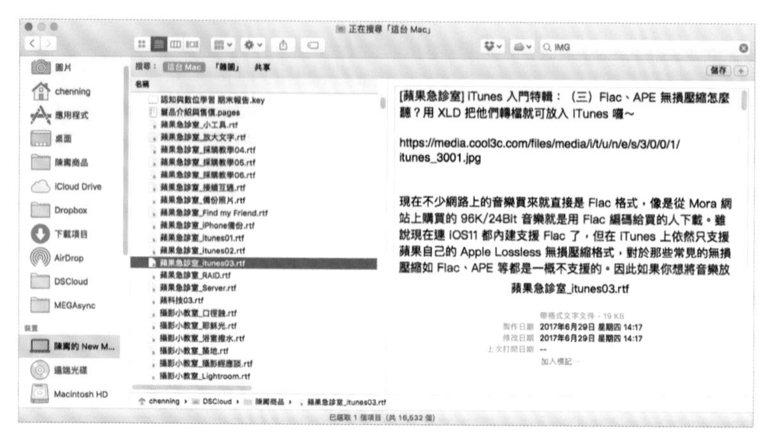

▲ Finder Spotlight

使用方法很簡單，只要在任何時候按下快速鍵「Command+ 空白鍵」，就可以叫出橫在螢幕正中間的 Spotlight 視窗；另外在 Finder 右上角也有 Spotlight 搜尋框可用（如上圖），在 Finder 搜尋資料後只要再點選該檔案，還可以在底部的資訊列中看到檔案的儲存路徑。

操作超簡單！功能直觀一讀就懂

Finder 的操作邏輯跟 Windows 檔案總管有不少差異，例如最常聽到的「Mac 沒有剪下貼上」就是一例，其他 Finder 還有一些 Windows 檔案總管所沒有的功能，如能快速預覽檔案的 QuickLook，這些如果不搞清楚往往會造成一些「Mac 很難用」的誤會。另外還有一些設定如「用什麼程式開啟什麼檔案」之類的，也都隱藏在 Finder 的選單中。好在 Finder 不管是功能，或是設定選單都沒有太複雜的選項與操作，要學會也是非常非常簡單的。

令人困惑的「複製 / 貼上」還有不存在的「剪下」

在開始之前，請先記住：Finder 並非沒有剪下，因為它叫做「移動」。在眾多「Mac 就是難用就是爛」的論點中，沒有剪下貼上這件事一直是被反覆提及的重點之一。但事實上 Mac 並不是沒有剪下貼上，而是它不叫這個名字，叫做「移動」。如果我們在 Finder 中要移動檔案而不是複製貼上，通常只能用滑鼠拖移的方式將檔案從 A 資料夾挪到 B 資料夾，再加上 Mac 上的「Command+X（剪下）」在 Finder 中是不起作用的，因此很多人都以為 Finder 沒有剪下這個功能。

那麼該怎麼「移動」檔案呢？其實很簡單，選定要移動的檔案之後跟複製一樣按下快速鍵「Command+C」，接著再到目標檔案夾中按下快速鍵「Command+Option+V」，就可以直接把檔案像是剪下貼上那樣挪過去。所以別再說什麼 Mac 沒有剪下貼上很難用的笑話了，因為它根本不叫剪下啊！

忘記剛剛複製了什麼檔案 / 文字嗎？從剪貼版就能看到

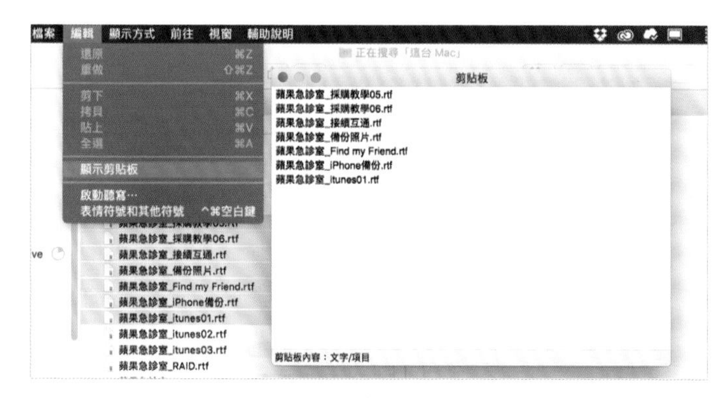

▲ 剪貼版

這個剪貼板的功能很簡單，就是顯示你在任何程式 / 介面中最後一次按下「Command + C」（或是右鍵複製）所儲存的文字、圖片、影片、音樂或檔案名稱。不過非常奇怪的是，「顯示剪貼板」這個選項只會出現在 Finder 裡（至少我只有在這看到），如果你需要查看最後複製了些什麼，就必須從 Finder 選單列中的「編輯」→「顯示剪貼板」中把它叫出來。

不用開程式，Quick Look 讓你直接預覽文件與多媒體檔案

Quick Look 是從 2007 年的 Mac OS X 10.5 開始加入的，除非你還在用更古老的 Mac OS X 版本，否則基本上你的 Finder 都支援這項功能。 Quick Look 原先的設計就是要讓使用者能預覽音樂、影片、文件、甚至簡報、Word、PDF 文件等檔案，後來隨著 Mac OS X 支援的影音文件格式增加、以及電腦效能強化等演進，Quick Look 已經成為 Mac 上最強悍的預覽「程式」，用來把整本書、漫畫、甚至電影看完都沒問題。

▲ Quick Look

Quick Look 操作非常簡單，只要先點選一個檔案（點選但不要打開它），接著再按一下空白鍵，就能像上圖這樣跳出一個快速預覽視窗讓你不用啟動程式也能預覽檔案。除非你還要對文件、照片做註解，否則都可以直接預覽檔案並翻頁（文件、簡報等皆可翻頁），用來看影片（支援全螢幕）、聽音樂等等也都很方便，且幾乎都能做到隨點隨開的高速切換，當你要在一大堆檔案中快速找到你需要的資料時，Quick Look 就會讓你真正體驗到「Finder 的美好」。

所有檔案詳細資訊、預設開啟程式都從這裡檢視 / 設定

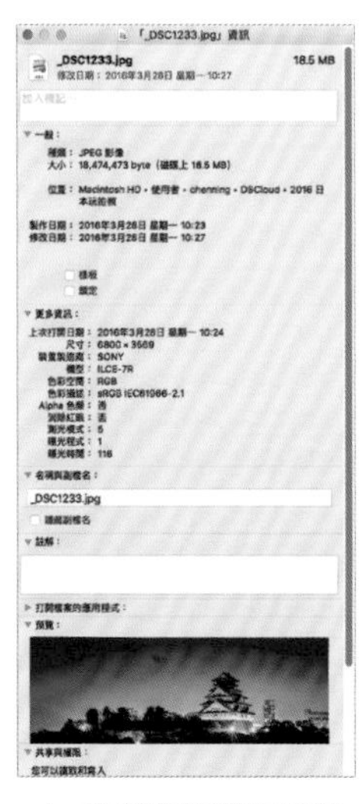

▲ 檔案詳細資訊視窗

在任何一個檔案上按下快速鍵「Command + I」就可以叫出右圖視窗。這個視窗中除了顯示檔案的相關資訊之外，最重要的是肩負了「更改預設開啟程式」以及「設定存取權限」兩項功能。

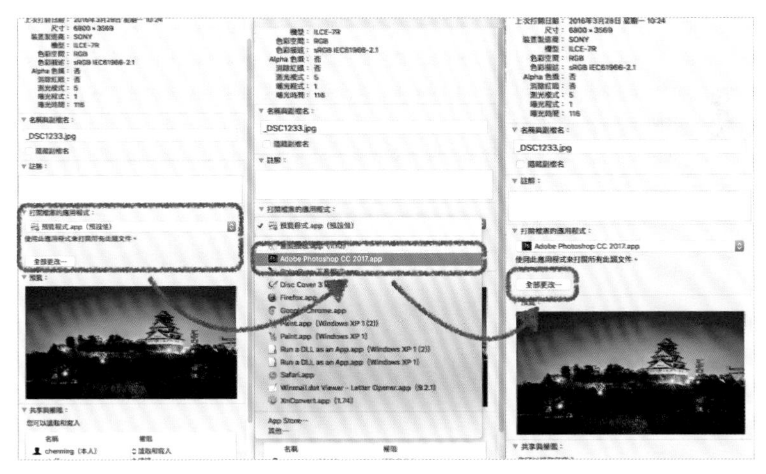

▲ 更改開啟程式

前者就是很單純的「你想用 XXX 程式開啟 OOO 格式檔案」，如果你想一次更改，請直接開啟一個檔案並選取指定的程式，再按下「全部更改」即可。

存取權限就有點複雜了，簡單地說就是能讓你決定有哪些使用者可以讀取、寫入、更動該檔案或資料夾。這個功能一般人都不會用到，但如果你有在寫程式、管理網頁、或是想要更動一些系統層的東西，你就不需要使用 Unix 的更動權限指令（例如 chmod），直接用圖像化的介面處理即可，而且還可以套用到資料夾中的所有檔案，在管理網站的應用上特別方便。

操作小秘技（一）：快速將所有檔案丟進同一個資料夾

▲ 新增包含資料夾

過去要把選好的檔案丟進資料夾裡必須先開一個新資料夾，再把想要丟進去的檔案選好拖進去。但現在不用了，直接把你要放進同一個資料夾的檔案通通框選起來，接著在任何一個被選中的檔案上按滑鼠右鍵並點選選單最上方的「新增包含所選 XX 個項目的檔案夾」，Finder 就會幫你新增一個資料夾並把所有檔案丟進去了，非常方便！

操作小秘技（二）：按空白鍵即可自動開啟資料夾

▲ 開啟資料夾

如果要把一堆檔案丟進一個資料夾，只要把選好的檔案拖進該資料夾即可；但如果是要把一堆檔案丟進「資料夾中的資料夾中的資料夾」，要怎麼操作最快速簡便呢？

先把目標資料夾打開再拖移檔案是一個好方法，但這樣實在不夠快。在 Finder 裡，只要你把檔案（不管幾個，包含資料夾也行）拖到一個資料夾上等個兩三秒，該資料夾就會自動開啟並顯示內容，接著你只要繼續拖移到下一個目標資料夾上，就可以連續開啟「資料夾中的資料夾中的資料夾」，完全不用放開滑鼠就可以把檔案放進一層一層又一層的資料夾中啦！如果你懶得等那兩三秒，也可以在將拖移的檔案挪到目標資料夾上時按下鍵盤空白鍵，就能直接強制開啟資料夾了。

多才多藝的 Finder

Finder 除了在整理檔案、預覽資料上有很優異的表現之外，其實 Finder 也內建了不少好用的功能，像是智慧型資料夾、標記等等。只是這些功能首次出現時都被同時期其他「重大新功能改版」的光芒給掩蓋，因此即使增加了這些功能，知道的人也不多。這裡我列舉了四個常用的 Finder 功能跟大家分享，如果你還想知道更多 Finder 秘技，就請追蹤我的 FaceBook 粉絲團「陳寗」，我會不定時地放上最新的 macOS 操作秘技跟大家分享。

隨著安裝更多程式而增加更多功能的右鍵選單

Finder 的右鍵選單在你安裝不同程式時，會依照該程式的功能與設計自動在右鍵選單中新增相對應的功能。舉例來說，當你安裝了 Dropbox 或是其他家的資料夾同步服務（像我還有 NAS 的 Cloud Station）之後，在檔案的右鍵選單上就會出現該服務的相關功能。

▲ Dropbox 右鍵選單

以上圖來說，在 Dropbox 中可以直接在檔案上按右鍵並點選「複製公開連結」，就能把直接下載的連結分享給你的朋友了！這個功能可讓使用者不需要為了特定目的而開啟程式或網頁來處理，而是直接在檔案上按右鍵就能快速設定相關功能。另外，當你想要用指定軟體開啟檔案時，也是直接從右鍵選單中的「打開檔案的應用程式」中選取即可。

不需重複複製同一檔案，用「標記」把所需資料打包即可

假如你時常有不少專案、報告在進行且習慣把同一個專案 / 報告的素材放進同一個資料夾方便管理，但這些專案都會用到同一個檔案，那該怎麼辦呢？難道要把同一個檔案不斷複製貼上到不同專案的資料夾裡嗎？要知道，檔案複製太多次也是會佔空間的！這時候你可以用「標記」的方式把它們預先歸檔在一起（以後可以取消標記）。

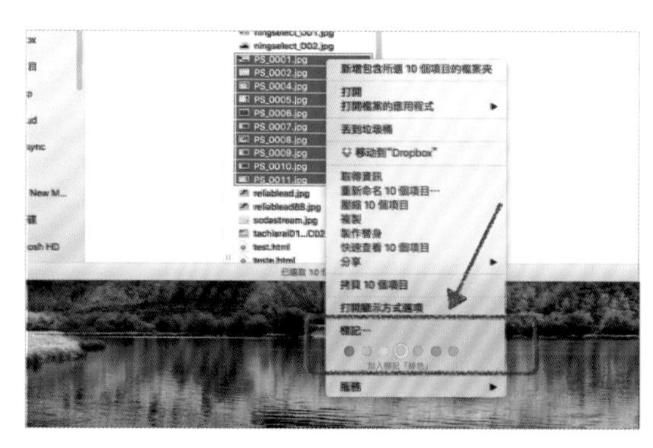

▲ 選擇標記顏色

操作方法很簡單，首先在你想標記的檔案上面按滑鼠右鍵，接著在最下方的「標記」欄位中選擇一個標記來使用，檔名前面就會多一個圓點（選了紅色就多一個紅點），即可完成標記。如果你嫌標記數量太少或是不明確，你也可以從 Finder 偏好設定中的「標記」新增或移除你需要的標記。

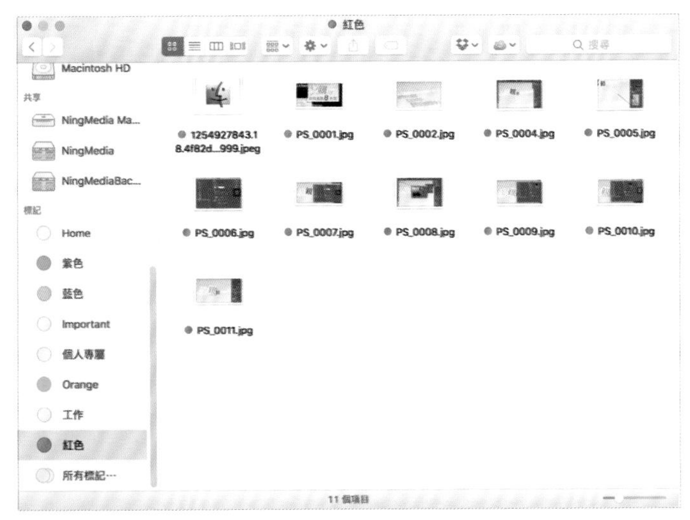

▲ 檔案標記圖

做好標記之後，請如上圖這樣在側邊欄中直接點擊該標記，這時候所有被你標記過的檔案就會出現在相應的標記視窗裡了。如果你的側邊欄裡沒有「標記」項目，請從 Finder 偏好設定 → 側邊欄中開啟。

標記對於常同時進行不同專案的人來說特別實用，舉例來說，如果你要做一個「XX 簡報」，必須先從電腦的每個資料夾裡搜集相應的資料，但你又不想把這些資料通通複製一份到新的專案資料夾裡。就可以先建立一個「XX 簡報」的標記，再把所有需要用到的檔案通通標記起來，最後要用的時候再到 Finder 裡在側邊欄上點擊你建好的標記，就可以看到所有你搜集要用於這個專案上的資料了。請注意，標記只是邏輯上的歸檔，並沒有真的把檔案複製或搬移到這個資料夾裡！因此如果你在這裡把資料刪掉，那它就真的會從你電腦中消失了。

把所有搜尋結果存起來的「智慧型檔案夾」

智慧型檔案夾跟「標記」不同，後者是把所有同標記的檔案聚集起來，但智慧型檔案夾卻是把「相同搜尋結果」的檔案全部聚集起來。

▲ 智慧資料夾

舉例來說，如果你開啟一個智慧型檔案夾並輸入搜尋條件「Mac」(也可以用檔案大小、類型、時間來搜尋)並按下「儲存」，就會出現一個如上圖這樣的資料夾，並把所有符合你搜尋條件的檔案通通集合起來，就好像網頁瀏覽器的「儲存搜尋結果」的概念。

開啟的智慧檔案夾會出現在 Finder 側邊欄以及你指定的儲存位置，圖示是一個紫色的檔案夾。不過智慧型檔案夾的使用概念跟標記一樣，都不會移動檔案的實體路徑，只是一個把所有檔案捷徑聚集起來的虛擬資料夾而已。

大部分人都用不到的 Finder 內建 Zip 壓縮、燒錄光碟等功能

Finder 的右鍵選單就跟 Windows 一樣又臭又長，且兩者的共通點就是「裡面包含一堆你用不太到的功能」。以上圖來說，在 Finder 點擊檔案（一定要有選擇至少一個檔案）之後的右鍵選單就長這樣，裡面除了先前講過的功能之外，其他還有像是「製作替身」、「壓縮」、「燒錄」等功能。

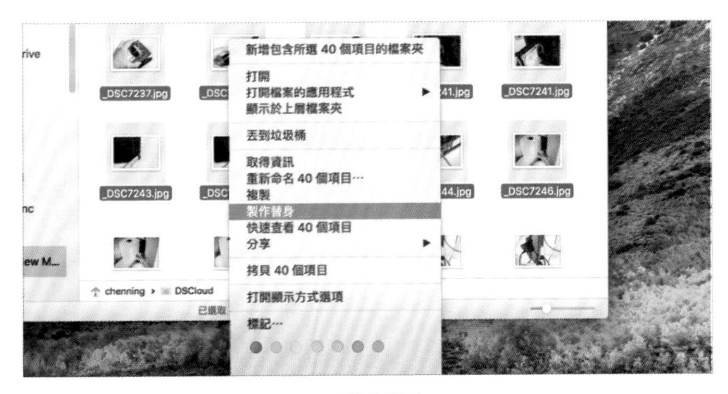

▲ 製作替身

製作替身就是製作捷徑的意思，跟 Windows 上的「捷徑」是相同功能。不過 Mac 的替身可以拿來代替整個資料夾的系統路徑，所以可以用來仿製一個系統預設資料夾，讓 Mail 等 App 把資料存到資源庫以外的地方去，不過這功能實在太進階了，本書就不多作介紹，有興趣的朋友請到我的 FaceBook 粉絲團「陳寗」問我吧！

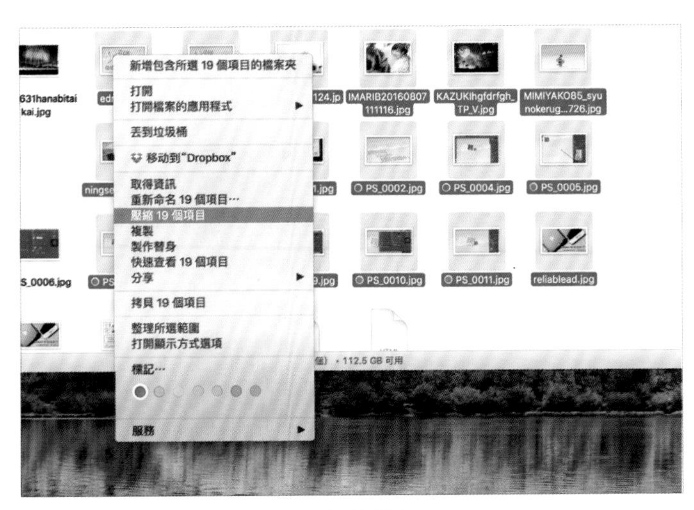

▲ 壓縮 檔案

右鍵選單中的「壓縮 X 個項目」就是把你選好的檔案通通做成 Zip 壓縮檔的意思。不過這樣做出來的壓縮檔常常會發生在 Windows 上開不起來的問題（檔案編碼），因此除非你壓縮的檔案是要傳給同樣使用 Mac 的朋友，否則還是用「SimplyRAR（免費）」之類的軟體來壓縮會比較實際一些。

Mac 跟 Windows 一樣，都在檔案總管裡直接內建燒錄功能給你。但現在 Mac 除了那台有光碟機的 MacBook Pro 13 吋（非 Retina 版）之外，全系列機種都沒有光碟機，且現在就算燒了光碟也不見得人人都能用，因此這功能現在就變得有些雞肋了。當然，如果你要燒錄還是可以，只是得先找台 USB 光碟機來給你的電腦用才行。

對 Finder 操作與顯示還不夠滿意嗎？你還可以這樣做

Finder 的操作與顯示介面在預設狀態下其實並不是很好用，我想這也是為什麼很多人會覺得 macOS 不好操作的原因之一。而且在多次系統改版之後，有不少原先預設開啟的功能也都被蘋果給隱藏起來，因此如果你對 Finder 的預設介面、操作有什麼不滿的地方，就請你自己依照以下的教學更改設定吧！

顯示檔案副檔名，快速看懂「這是什麼檔案類型」

Finder 預設不顯示副檔名的，（副檔名就是用來標記檔案格式在檔名後的 .jpg、.mp4... 之類的名字）但我個人還是習慣看到每個檔案的副檔名，尤其是像下圖有一大堆圖片的時候，我更需要一眼看出哪些檔案還不是 JPG 檔案（因為要轉檔才能上傳），這時候就需要開啟「顯示副檔名」的功能了。

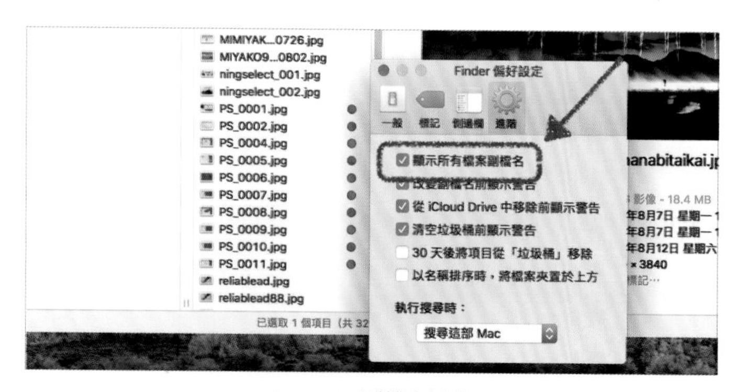

▲ Finder 副檔名設定

開啟的功能表就在 Finder 偏好設定裡的「進階」選單裡，裡面同時還有「改變副檔名前顯示警告（用來避免你不小心亂改副檔名導致檔案打不開）」、「清空垃圾桶前顯示警告（避免你不小心清空垃圾桶）」之類的選項可以勾選。

更改檔案圖示 / 檔名文字的大小與排列方式

如果你覺得檔案的名字都太小了（在高解析螢幕上看特別吃力）、或是檔案圖示太擠了看起來不舒服，這些都是可以設定的！

▲ Finder 顯示方式設定

不過，設定不在 Finder 偏好設定裡，而是必須在 Finder 的空白處（包括桌面）按滑鼠右鍵，並選擇「打開顯示方式選項」。這裡還可以勾選是否顯示圖像預覽（如果你電腦很慢、跑預覽會卡住，就請你把這選項關掉）、顯示項目簡介（像是圖檔尺寸之類的）等等，操作請見下一小節。

讓檔案圖示也能「預覽」，底下還能顯示檔案相關資訊

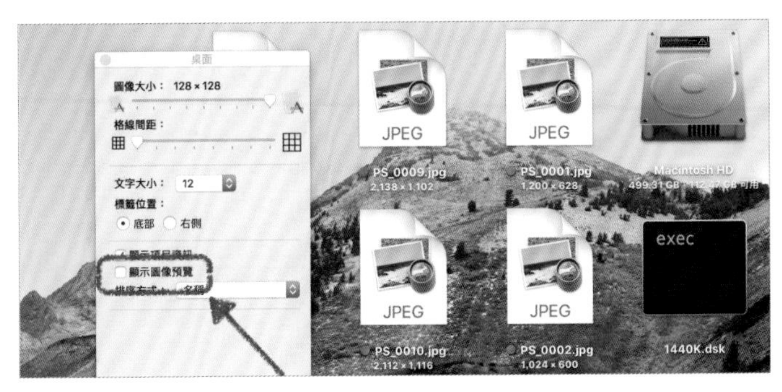

▲ 顯示項目預覽與設定

顯示項目預覽就是像下圖讓每個檔案都顯示迷你縮覽圖，如果是影片也會顯示影片縮覽圖，按下中間的播放按鈕就會開始播放；文件則會出現小小的翻頁按鈕，可以直接在圖示上一頁一頁的預覽。這個功能很方便，但如果你的電腦還在用傳統機械硬碟，那麼我建議你最好不要開啟，否則會讓電腦變慢（因為製作縮覽圖速度太慢）。

▲ 顯示項目尺寸

在桌面上顯示的圖片預設圖示尺寸都很小，如果要直接從預覽上看出這張圖片的內容是件很困難的事情。我們可以從顯示設定中拉動最上方的「圖像大小」來調整圖示的尺寸，如果你需要直接從圖示上看到圖片，甚至文件內容，就可以把圖像尺寸拉到最大。另外在下方有個文字大小，該選項則能用來調整檔案名稱的文字大小，如果你覺得字太小看不清楚，可以從這裡更改設定。

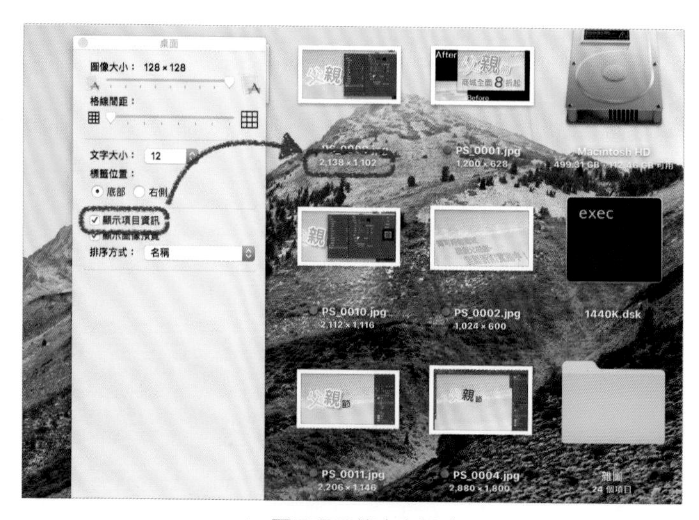

▲ 顯示項目簡介與設定

「顯示項目簡介」就無關電腦效能了。這個選項勾選之後會讓每個檔案下方都顯示該檔案的尺寸（例如圖片檔案下方的 000 x 000）或是資料夾中有幾個檔案項目之類的資訊，雖說勾選之後會讓你的檔案名稱變得更多行，但可以讓你更快的知道每個圖片檔案的尺寸有多大，對於常常像我這樣會需要用到大量圖片的人來說就很方便。

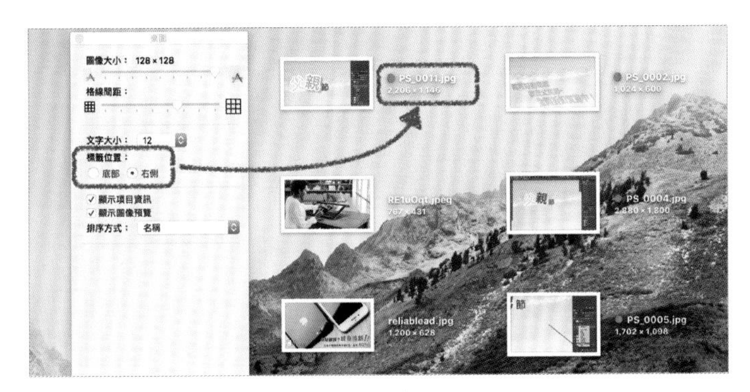

▲ 橫式簡介顯示

另外，如果檔案名稱置於檔案下方會對你造成閱讀障礙，那麼你也可以把標籤位置勾選為「右側」，就能像上圖把所有的檔名、項目簡介等資訊顯示到圖示的右邊去。只是這樣實在很佔空間，我不太喜歡。另外如果你覺得桌面檔案圖示太大、間隔太近、或是檔名字體太小等等，也都可以在本小節的同一個設定視窗中自行更改你喜歡的模式，讓桌面變得更符合你使用習慣的外貌。

桌面上不會顯示硬碟？從偏好設定自行開啟即可

以前 Finder 預設將硬碟、光碟機、外接磁碟等圖示直接置放在桌面上，因此可以直接從桌面上開啟你電腦上的所有硬體儲存介面。

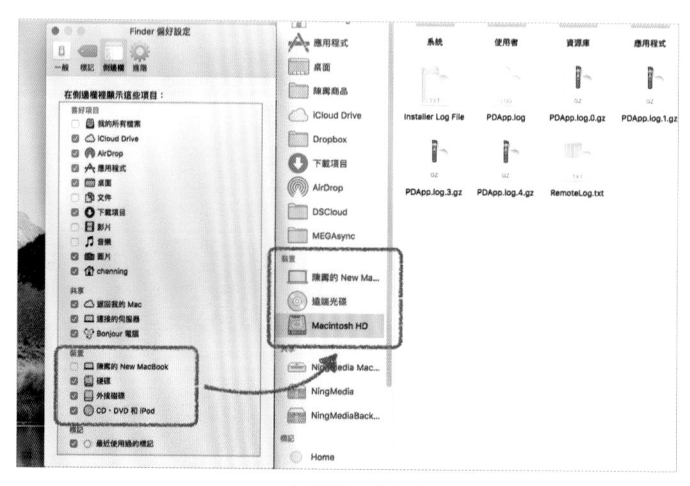

▲ 桌面顯示與設定

但不知道為什麼，Mac 現在都預設把這些硬碟、外接磁碟、光碟等圖示通通都隱藏起來，新買的電腦桌面都是空白一片。雖說不顯示也不會怎麼樣，但如果每次要退出隨身碟或記憶卡還要特地開一個 Finder 視窗再從側邊欄按退出也是頗麻煩。在 Finder 偏好設定中的第一個「一般」選單裡面可以控制哪些項目要顯示在桌面上，以及每次開啟新 Finder 視窗時要顯示哪個資料夾（我預設每次開啟都會顯示桌面）。

把常用的 Finder 功能放到視窗上面的功能快捷列

▲ 快捷列設定

在 Finder 的上方有一排工具按鈕，例如切換顯示方式、顯示路徑、排序模式等等。這些按鈕都可以自己新增、刪除、變動排列位置，只要點擊螢幕最上方「顯示方式」中的「自定工具列」，就可以自定所有按鈕的位置並決定哪些按鈕要放上 Finder 視窗了。

▲ 快捷列設定

點擊自動工具列之後就會出現上圖視窗，你可以直接把想要的項目拖進工具列，也可以自由移動排列的位置；如果要移除按鈕，就直接把工具列上的按鈕「拖離」工具列就可以了。

LESSON 8 安裝更多軟體，讓你的蘋果電腦更強大

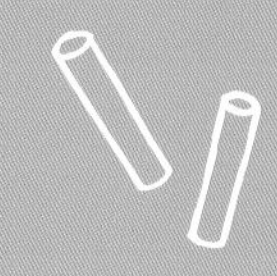

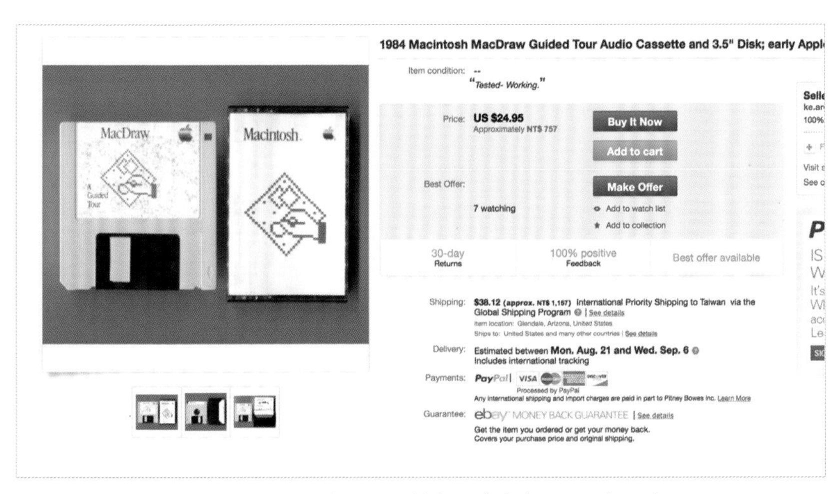

▲ Macintosh 磁片 Ebay 拍賣圖（出處：eBay 網頁）

以前 Macintosh 的標準配備裡並沒有「硬碟」這個選項，因為當時一台「5MB」的硬碟要價高達 3000 多美元，因此只能當作額外的配備販售。一般的 Macintosh 必須依靠磁碟片中儲存的作業系統才能開機，而額外的軟體則依靠另外一張磁片來執行。從今天的角度來看，就好像你一台電腦必須裝兩顆硬碟，一顆只裝系統、一顆只裝應用程式一樣荒謬，但在「5MB 要價三千多美元」的 1980 年代初期並不是什麼奇怪的事情。因此當時的應用程式大多直接就能執行，例如 Macintosh 初期少少十個軟體中的「MacPaint」就是插入磁碟片之後直接執行。

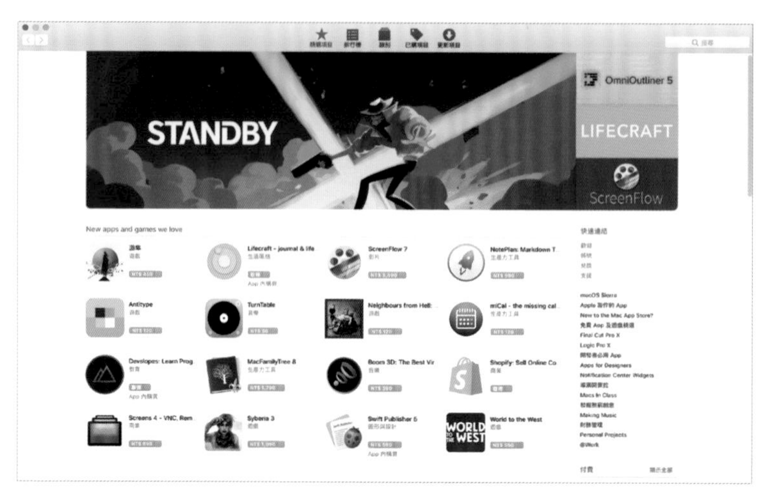

▲ Mac App Store

後來 macOS 也承襲這個特色，除了少數龐大「套裝」軟體、或是會動到系統層的特殊軟體需要安裝程序之外，幾乎所有的軟體都是直接從包裝映像檔中拖進電腦硬碟中就能直接執行。在 iOS 的 App Store 取得巨大成功且為蘋果帶來大量現金流之後，2010 年蘋果正式推出 macOS 版本的 Mac App Store，與 iOS 相同的營運模式讓許多既有的 macOS 軟體商迅速進駐並推出軟體，讓 macOS 多了全新的軟體安裝與授權管道，讓 App 程式安裝就跟 iOS 一樣簡單。後來蘋果廢除 macOS 原有的系統程式更新軟體，將所有軟體及作業系統更新都併入 Mac App Store，如今除了部分軟體還套用自家的更新程序之外，所有 App Store 購買的軟體、蘋果系統更新、甚至系統改版更新等都要倚靠 Mac App Store 進行。

開始安裝程式吧！

現在 macOS 有三種軟體安裝方法，本章依照三種不同方法的難易複雜度解說，讓大家在為了工作、娛樂而需要下載軟體時，不再對著那些「安裝檔」束手無策，自己的電腦程式自己裝，不需要拜託店家、朋友幫忙！

最簡單的「直接拖進去就好」安裝大法

▲ googlechrome.dmg

在 Mac App Store 出現以前，其實 macOS 的軟體安裝方式更「無腦」。過去絕大多數的 macOS App 的安裝方式都是直接用拖拉的方式安裝，有點像是 Windows 上的綠色軟體一樣，並不需要特別的安裝手續。舉例來說，當我們要安裝 Chrome 時，就是直接從網站上點擊「下載 Chrome」的按鈕，下載完畢後會獲得一個名叫「googlechrome.dmg」的檔案如上圖。

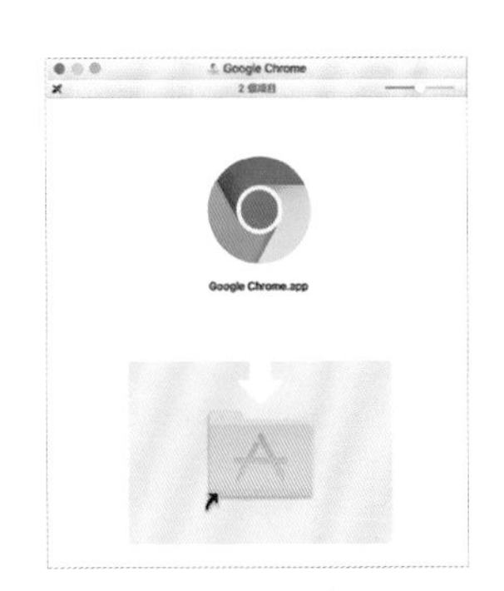

▲ .dmg 啟動圖

macOS 中只要跟安裝軟體有關，常常會看到這種副檔名為「.dmg」的檔案。.dmg 檔是一種類似光碟映像檔的東西，你可以在裡面打包各種不同的檔案，且能加上開啟密碼或是限制之後的使用者不可以任意增刪裡面的檔案。在本章稍後會提到 macOS 嚴格限制 App 不可被更動亂塞惡意程式碼，為了避免發生這樣的意外，用 .dmg 映像檔來打包 App 就是個很好的辦法了。當你下載程式之後會獲得一個 .dmg 檔案，直接點擊兩下開啟，就會把這個映像檔用類似隨身碟的方式掛載起來，能在桌面上或 Finder 的側邊欄看到被打開掛載的 .dmg 映像檔。在映像檔資料夾中，你就會看到 App 本體，不管是安裝檔或執行檔，都會直接放在 .dmg 映像檔中等你取用。

如果是像 Chrome 這種免安裝的程式，只要把它從 .dmg 檔案中拖移出來，放到電腦上的任何一處，就完成安裝程序了。之後只要點擊你複製出來的 App，就可以啟用囉。不過我個人建議最好還是把 App 都放在「應用程式」這個資料夾裡會比較方便管理，以後要移除或更新什麼的也比較不會找不到。如果你覺得每次要開程式都還要到層層資料夾裡去尋找很麻煩，你也可以把 App 圖示拖移到 Dock 上做成捷徑使用。請注意，你一定要把 App 拖移到電腦中才算是完成安裝，否則一旦你關閉 .dmg 檔，程式就會直接從電腦裡消失不見。此外，當你完成安裝之後，也可以按下退出按鈕把 .dmg 映像檔退出並刪除以騰出儲存空間。

直接從 Mac App Store 下載

▲ Mac App Store 啟動位置

不僅 iPhone/iPad 上有 App Store，在 macOS 上也有這個方便的 App 下載購買服務。你可以直接用慣用的 Apple ID 在這裡下載購買軟體，所有的操作與付款方式都與 iOS 上相同。此外，macOS 上的 Mac App Store 同時也是系統更新、軟體更新、蘋果官方軟體（如 iWork）的下載區，如果你需要更新軟體或系統，就請在 Mac App Store 中尋找吧！打開 Mac App Store 的方法很簡單，直接點擊螢幕左上角的蘋果圖案，找到「App Store」並點擊打開即可。

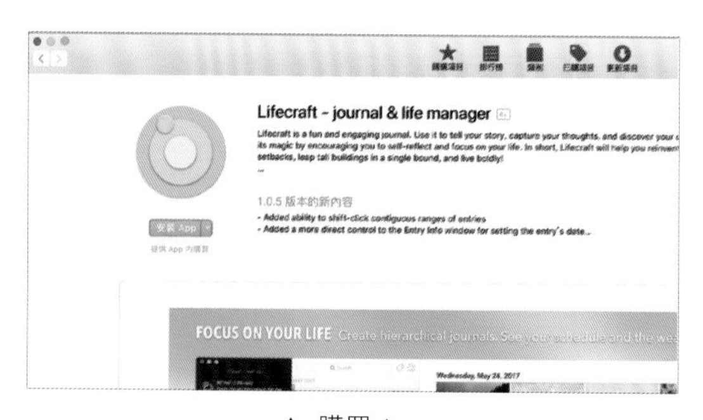

▲ 購買 App

當你找到想要安裝的 App 時，只要按下「取得（或購買金額按鈕）」再按下「安裝 App」之後就會自己安裝了，一切的操作都跟 iPhone/iPad 上一樣，非常簡單。有不少 iPhone 上的知名 App 也都有 Mac 版，你可以在 Mac App Store 中找看看。只是電腦版的 App 通常價格都會比 iOS 版來得貴些，購買前記得看清楚價格再下手。

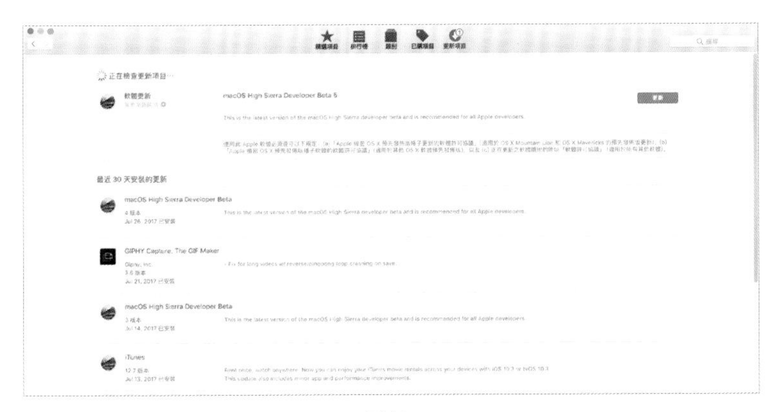

▲ 更新 App

真正的「安裝軟體」程序

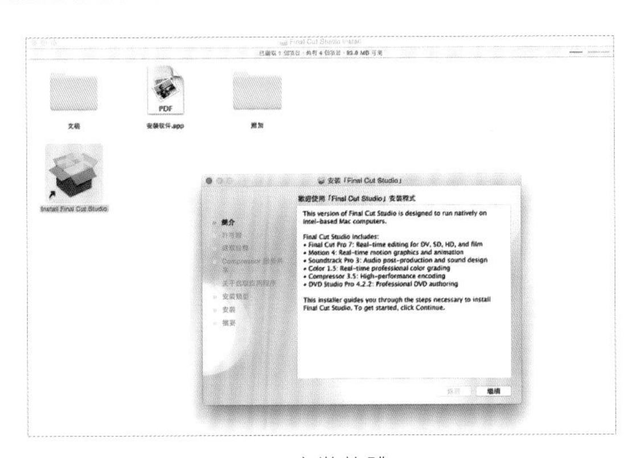

▲ 安裝軟體

雖然 Mac App Store 與拖拉兩種方式都很簡單易用，但有些軟體廠商會基於他們自己的考量，像是因為軟體授權機制（如 Adobe 或 Blizzard 遊戲）、軟體動到太多系統層級資料（如虛擬機軟體）等理由，而必須透過額外的安裝流程將軟體塞進你的 macOS 之中。這種方式用起來跟 Windows 上的安裝流程很像，都必須打開特定的安裝檔案，並且指定安裝路徑、輸入密碼、輸入金鑰等步驟之後才能完成安裝。由於這種安裝方式的軟體通常還是會打包在 .dmg 映像檔中，因此我們必須判斷到底該軟體是直接拖拉就可完成安裝，還是有額外的安裝程序。一般來説，需要額外安裝的軟體，打開 .dmg 映像檔之後都會看到名為「安裝」或是「Install」的檔案，副檔名是 .App 或 .pkg 且圖示通常是個紙箱。

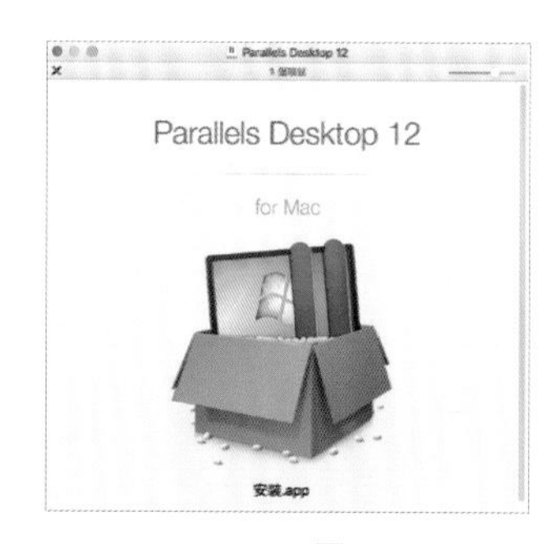

▲ .pkg 圖示

如果你看到這樣的圖案，那就不忙著把檔案拖進電腦了，直接雙點擊開啟即可。打開之後有些軟體會自動安裝，只要你正在安裝的軟體來源正當且不擔心有任何惡意程式在裡頭，只要依照軟體跳出來的視窗輸入密碼就可完成安裝。這種軟體裝好之後就不需要再保留安裝檔了，安裝完成之後就可以退出 .dmg 映像檔並將其刪除。

前面有説過，有些軟體需要額外的安裝手續，有可能是因為軟體驗證機制或動到太多系統層級資料所致。舉例來説，Adobe 的 Photoshop 等軟體是用網路包月訂閱制收費的，因此在啟用 App 時必須輸入 Adobe 的帳號密碼才能通過驗證。像這種軟體就會要求你先裝一個專屬的入口程式，之後要安裝 Photoshop 之類的軟體時再透過入口程式安裝，開啟時的驗證也要靠同一個程式處理，因此在安裝流程上就會麻煩許多；另一種可能則是如虛擬 Windows 一類的軟體，由於在安裝時必須更動不少系統層級的資料，且有可能在安裝時也需要你選擇要安裝的套件類別，因此會需要在安裝過程中要求你額外設定，並輸入使用者管理密碼以賦予安裝程式最高系統權限，好讓安裝流程得以順利完成。由於 macOS 類 UNIX 系統的設計，因此在動到系統層級資料時都需要輸入密碼取得最高權限，這也使得病毒要在 macOS 上發作變得相對困難許多。但困難並不代表辦不到，因此 macOS 上還是有病毒存在，在本章節稍後的內容會跟大家説明這件事，在此之前讓我們先瞭解如何解除安裝 macOS 上的程式。

不要的程式該如何解除安裝呢？

一般來說，需要特別安裝的程式都會在安裝完成的程式資料夾中附上「Uninstall」或「解除安裝」程式，點擊開啟之後就能乾淨地將程式從電腦中移除。但拖拉 Mac App Store 下載的 App 就沒有這樣的機制，雖說只要把軟體丟到垃圾桶即可，但可能還是會遇到一些麻煩。

沒有「解除安裝」功能的程式

▲ 丟進垃圾桶示意圖

除了拖拉、Mac App Store 下載的軟體沒有附上解除安裝工具之外，有些很懶惰的公司也會搞出這樣的飛機，例如微軟 Office for mac 需要超久、超麻煩的安裝流程，但最後卻沒附上解除安裝工具。遇到這樣的軟體，最簡單的移除方法就是直接把軟體與其資料夾按快速鍵「Command+delete」丟進垃圾桶刪除，雖說有些軟體會要求輸入使用者密碼才能刪，但整體來說還算是簡單。但像是微軟 Office for mac 這種需要安裝程序的軟體，只靠丟進垃圾桶一定無法完全移除，而清不乾淨的結果，就是有可能以後在開其他檔案時被不存在的 Office 綁架而開不起來，或是原先軟體所造成的系統問題無法隨著軟體被移除而根治，這時候你就需要用比較極端的手段來根除軟體了。

乾淨「移除」整個程式

在開啟應用程式之後，該程式都會在安裝或運行階段中，往使用者資料夾中的資源庫 Library 裡放資料，像是一些暫存檔案、設定參數等等，通常都是與個人設定相關的東西，一般來說不刪除也不會影響電腦。但如果今天該程式已經影響電腦運行了，且就算把程式整個刪除也無法解決，就表示你得多費點功夫把清除資源庫的雜物。

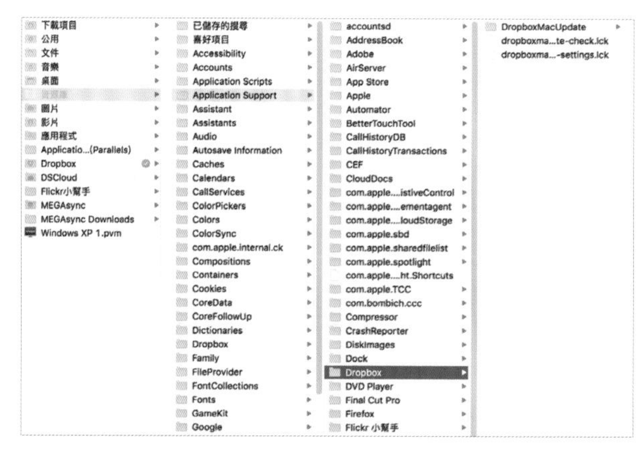

▲ 資源庫 Application Support

為了避免意外，資源庫通常是隱藏在 Finder 中無法直接看到的。請切換到 Finder（螢幕左上角顯示 Finder），按著鍵盤上的「Option」按鈕，再點擊螢幕最上方工具列裡的「前往」，就能看到裡面會出現資源庫的選項，請點擊它。如果沒有按著 Option 就不會出現資源庫，如果你沒有看到這選項，請注意你是否忘了按 Option。接著請在資源庫中找到所有與該程式有關的資料夾，並把它們全部刪除且清空垃圾桶。一般來說這些資料夾都會集中在名為「Application Support」的資料夾中，但其他的資料夾裡可能也會有相關檔案，因此請好好地搜尋一下，不要放過任何一條漏網之魚。

上述的方法適用於大多數的應用程式，但世界上總是會有一些難搞的程式無法輕易移除，例如惡名昭彰的「MacKeeper」就是很好的例子。當你遇到這類軟體時，建議你可以直接用「應用程式名字 解除安裝」當關鍵字在 Google 上搜尋，通常就能找到合適的解決方法，例如微軟 Office for mac 就是這種難搞的軟體，一定得靠官方的指示才能移除乾淨，不得不說微軟對蘋果的態度差不多就跟蘋果對微軟一樣，在對方的系統上盡是推出一些難用又難搞的軟體，真的很小心眼。如果你上網找了之後還是解決不了，就請直接到我的 FaceBook 粉絲團「陳寗」或是我的 Line@ 問我囉！

小故事：蘋果電腦是世界第一個電腦病毒的發源地

在蘋果電腦的眾多推薦詞中，最常聽到的一句話就是：蘋果電腦不會中毒。

不管你是否曾經跟人説過這種話，我都很誠摯的建議你，在看過本書之後請不要再説這種話了。蘋果電腦並非不會中毒，它只是相對於 Windows 來說比較少有大型病毒誕生而已，但實際上蘋果電腦中還是有著不少令人厭煩的網頁綁架軟體、拖慢電腦的「偽」系統加速維護軟體，甚至是令人聞之色變的勒索軟體也都有 Mac 版本。但你如果以為蘋果電腦是近代才開始有病毒，那可就大大搞錯囉！因為蘋果電腦不僅會中毒，它還是世界上第一支廣泛流傳感染電腦病毒「Elk Cloner」的發源地呢！

▲ Apple II 圖（出處：維基百科）

西元 1982 年，一名年僅十五歲的學生 Rich Skrenta 撰寫了一支名為「Elk Cloner」的病毒。Elk Cloner 是針對 Apple II 蘋果二號所創造的，它會在電腦每啟動五十次時顯示以下文字：

“Elk Cloner: The program with a personality It will get on all your disks It will infiltrate your chips Yes it's Cloner! It will stick to you like glue It will modify ram too Send in the Cloner!”

Elk Cloner 病毒並不具備任何破壞性，它只能用來惡作劇開玩笑，但卻是第一支會自我複製感染的病毒。在當時 Apple II 沒有硬碟，必須倚賴磁碟片來啟動系統與應用程式。由於 Apple II 上有兩台磁碟機，因此當你插入受感染的磁碟片後，就會自動將 Elk

Cloner 複製感染到另一張磁碟片上。由於當時很多人會互相交換磁片來傳遞程式或資料，因此許多 Rich Skrenta 的同學、甚至老師都因此中標。Rich Skrenta 只是喜歡開玩笑，並沒有成為一個以病毒破壞電腦運行的駭客，最後還以程式為業成立了 Blekko 搜尋引擎公司。不過比起他年長後在事業與科技發展上的成就，他所創造的 Elk Cloner 更能讓他名留青史。

在 Elk Cloner 誕生之後，不同時期都有些知名病毒，就算沒有網際網路也一樣能透過磁片等媒介傳染。但由於蘋果一直都很保護自己的電腦系統，因此對於惡意軟體破壞的防護也是不遺餘力。但到底蘋果要如何避免自己的電腦被病毒破壞呢？

蘋果的安全防護堡壘：GateKeeper

OS X：關於 Gatekeeper

Gatekeeper 可保護您的 Mac，預防可能會對電腦造成不良影響的 app。

有些從 Internet 下載並安裝的 app 可能會對 Mac 產生不良的影響。Gatekeeper 能協助保護您的 Mac，免於這類 app 的侵擾。請閱讀本文瞭解 Gatekeeper 及其選項。

Gatekeeper 是 Mountain Lion 和 OS X Lion v10.7.5 的新功能，這個程式建立在 OS X 現有的惡意軟體檢查功能基礎上，能有效保護您的 Mac，阻止惡意軟體和不當 app 從 Internet 下載。

下載和安裝 app 的最快、最可靠位置，就是 Mac App Store。Apple 會審核每個 app 後才由 Store 接受發佈，只要 app 有問題，Apple 就會快速將它從 Store 中移除。

對於不是從 Mac App Store 位置下載的 app，開發人員可以從 Apple 取得一個唯一開發人員 ID，以用於數位簽署其所開發的 app。開發人員 ID 可以讓 Gatekeeper 封鎖惡意軟體開發人員所建立的 app，並確認 app 在簽署之後未遭受竄改。如果某個 app 是由不明開發人員所開發（即沒有開發人員 ID），或已被竄改，則 Gatekeeper 會阻止安裝這個 app。

附註：如果您有某個 app，沒有經過開發人員 ID 簽署而無法支援 Gatekeeper，請聯絡 app 開發人員，確定其是否提供支援 Gatekeeper 的更新。

▲ GateKeeper（出處：蘋果官網）

為了避免 macOS 被惡意軟體入侵，蘋果從 OS X10.8 Mountain Lion 開始內建名為 GateKeeper 的安全保護機制。GateKeeper 可對任何想在 macOS 系統中運行的 App 做嚴格規範，利用蘋果官方數位簽署與 Mac App Store 兩種方法限制惡意軟體執行。第一種作法「數位簽署」是一種由蘋果官方推出的數位認可簽證，任何希望在蘋果上運行的 App 都必須由開發者親自向蘋果申請數位簽署，在通過蘋果審核後將這份蘋果發出的數位簽署加入你的 App 中，以確保每一份 App 都是在合乎蘋果規範下發佈的軟體。只有具備蘋果數位簽署的 App，才能通過 macOS 內建 GateKeeper 的審核並順利在電腦中運行；第二種方法不用靠數位簽署，而是直接將 App 送到 Mac App Store 審核，經過蘋果審查確認沒有任何惡意成分之後，就可以直接在 Mac App Store 上架販售。一般來說直接放到 Mac App Store 上販售是最讓人信任的做法，但由於這樣必須與蘋果共享收益拆成，許多軟體公司都不願意將自己的商品放上 Mac App Store，改選擇利用數位簽署的方式來發行自己的軟體。

GateKeeper 會在你首次開啟 App 時驗證數位簽署與程式來源，如果你的軟體沒有合格的數位簽署或來歷不明，就會出現如下圖的警告：

▲ App 攔截

不過並不是所有的 App 都有數位簽署，一些公司內部使用的自製 App，或是部分開發者自己製作的小程式小工具也不見得會不嫌麻煩地申請蘋果官方數位簽署。為了保留使用者的自主性，macOS 還是有「強制執行」的機制讓使用者選用，在 GateKeeper 擋住軟體執行時，讓使用者可以有從系統偏好設定裡強制執行該軟體的選項。

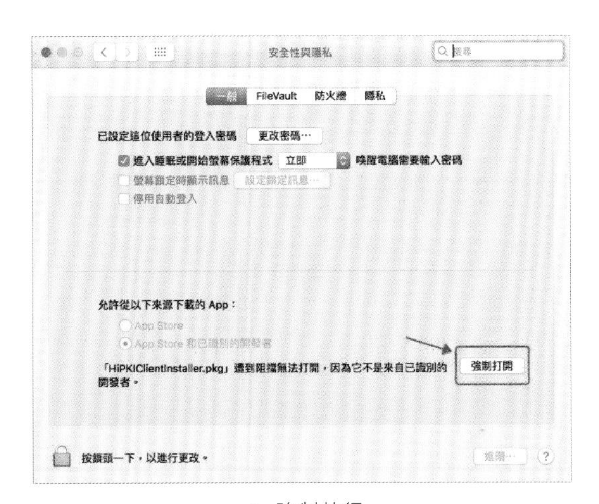

▲ 強制執行

由於強制執行未簽署軟體是有極高風險的行為，因此系統會跳出要求輸入密碼的許可視窗。由於有著這樣的「漏洞」，使得一些明明組織很龐大，卻又企圖省事省成本的機構會利用這項強制執行的機制來避免數位簽署的麻煩。在台灣有個大組織做了類似的事情，就是我們政府的國稅局。

▲ 國稅局軟體啟動畫面

國稅局所提供的蘋果報稅相關工具通通無法直接在 macOS 上執行，因為國稅局並沒有申請蘋果官方數位簽署！因此你必須透過強制開啟的機制來啟用國稅局提供的工具才能報稅，雖說我們知道政府應該不會放病毒來害我們，但這樣的做法終究還是有偷懶的嫌疑。或許會有人問，既然有強制執行，那蘋果系統豈不是很不安全嗎？

先不說蘋果其實也有病毒這件事，光是你在執行程式前會先發出警告並要求輸入密碼，就已經說明是由你自己開放程式工作的。這就好像你把家裡的鑰匙交給小偷，遭竊之後才說自己家的保全做不好一樣，都是自己造成的苦果。當然，為了讓你願意自己輸入密碼啟用病毒，一些惡意軟體會假扮成重要更新（例如 Flash 或 Java）的方式來騙你輸入密碼，不過那就屬於詐騙集團的範疇了。

蘋果也是會中勒索病毒的！你不可不知的大人物 KeyRanger

由於蘋果上的病毒要生效往往需要使用者輸入自己的系統密碼，因此通常都會偽裝成軟體更新（例如 Flash 或 Java）來騙你，後來又再加上 GateKeeper 的機制，使得病毒越來越少見，稀有到甚至只要出現就會上新聞的程度。然而在 2016 年三月時，有個突破上述限制的高手出現了，他能無聲無息地在蘋果電腦執行會將所有檔案都加密的勒索病毒，名字叫做「KeyRanger」。

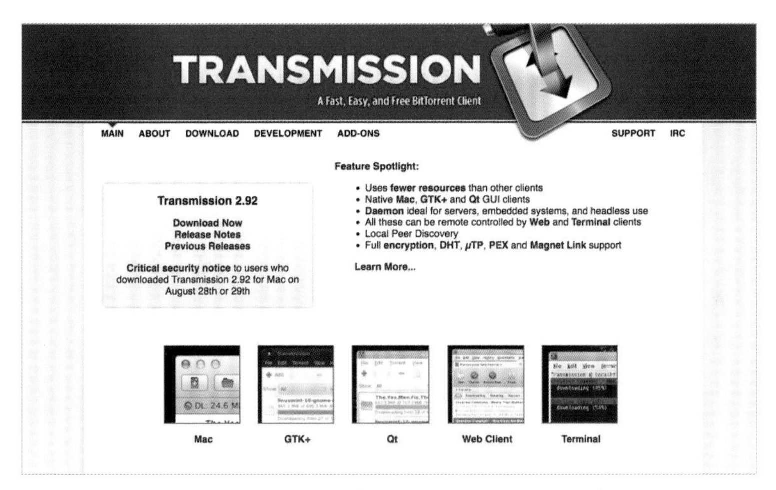

▲ Transmission 圖（出處：Transmission 官網）

要使 KeyRanger 生效並不需要輸入密碼，也不怕 GateKeeper 攔截，因為 KeyRanger 用了非常迂迴的手段讓 macOS 將它視為安全軟體。首先，KeyRanger 的開發者攻破了知名 BT 下載軟體 Transmission 的下載網頁後台，將上面正規的 Transmission 2.90 版更新檔案換成經過 KeyRanger 重新打包並塞入勒索病毒的「加料版」，讓使用者透過 Transmission 的更新機制下載並更新成帶有病毒的版本。由於加料版 Transmission 同時帶有蘋果發行的數位簽署，GateKeeper 並沒有發現其中所夾帶的勒索病毒，使得 macOS 在執行 Transmission 2.90 版的同時也會讓 KeyRanger 生效並加密電腦中的檔案。

幸好就在加料版 Transmission 上架不久後，就被軟體安全公司發現並通報蘋果與 Transmission 官方，同時撤銷 Transmission 的數位簽署並移除 2.90 版更新檔案，才沒有釀成軒然大波。不幸中的大幸是 KeyRanger 不知為何被設定成要潛伏三天後才會開始勒索，才有機會被發現並由蘋果與 Tansmission 官方聯合將問題解決掉。雖然沒有產生全球性的大災難，但 KeyRanger 成功靠手段騙過 GateKeeper，且經過調查後發現其同時具有加密 Time Machine 備份檔案的能力，這些特點都戳破了「蘋果不會中毒」，以及「只要有 Time Machine 萬事都 OK」的神話。不過不得不說 Transmission 真的是一個很兩光的團隊，就在 KeyRanger 事件後的五個月，他們家的後台再次被人攻破並放入一支意義不明的 Keydnap 木馬，雖說還是一樣立刻被發現，但還是再次證明了「蘋果也會中毒」。

所以千萬不要以為蘋果不會中毒，這世界上沒有絕對安全的系統，就算是防護做到極致的 iOS 仍然會被攻破找到能越獄的漏洞。也請不要抱持著「蘋果市佔低所以沒人想攻擊」的想法，因為蘋果使用者中有非常多非富即貴的名人，想當初希拉蕊競選總監就因為被攻破 iCloud 信箱（密碼外洩）而影響了美國總統大選的結果。

看到這裡，你還會覺得攻擊蘋果沒有效益嗎？

9 蘋果最重要的雲端服務「iCloud」

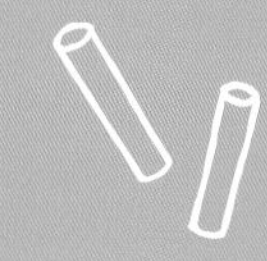

iCloud 並不是蘋果的第一個雲端服務，早在 2000 年蘋果就有免費雲端服務「iTools」這項提供信箱、網頁空間、網站評論、賀卡製作、以及非常類似 Dropbox 的 iDisk 雲端儲存服務。後來 iTools 在 2002 年改為「.mac」並開始收費，同時增加書籤 / 行事曆 / 通訊錄同步以及與 iLife 軟體同步等功能。由於「.mac」一直都是需要付費的網路服務，再加上沒有中文介面、當時蘋果用戶不多等問題，使得「.mac」在台灣並不興盛。

▲ .mac（出處：蘋果官方商品圖片）

蘋果在 2008 年將「.mac」改名為「MobileMe」，一樣都是提供信箱、網頁空間等簡易的付費網路服務，並增加網路相簿、搜尋搞丟手機的「Find My iPhone」。如果你看到尾巴綴有「@me.com」的信箱位址，就是在那時期以前已經申請好 iCloud 帳號，可算是資深蘋果迷的一個「入門證」。從 iTools 到 MobileMe，現在的 iCloud 功能除了近期的接續互通，大多數的功能都是十幾年前就有的功能，只是當時這些服務大多僅限蘋果平台使用，且在 2008 年以前的蘋果用戶也沒有現在那麼多，因此並不像 Google 那麼有名。

▲ MobileMe

▲ iCloud 網頁

在 2011 年蘋果正式將 MobileMe 更名為「iCloud」，可在當時的 iOS 5 與 Mac OSX 10.7 Lion 上使用，提供免費的 5GB 信箱、聯絡人與行事曆等資訊同步，可說是蘋果在串聯行動裝置與電腦系統上所邁出的第一步。iCloud 推出時其實功能非常少，比起 .mac 實在不能算是什麼「強大」的雲端服務。一直到 2014 年後蘋果才又開始強化 iCloud 功能，包括增加能如 Dropbox 一般使用的 iCloud Drive、能備份手機的網路備份、完整備份手機照片的 iCloud 圖庫、以及能線上使用的網頁版 iWork 文書處理軟體等，再加上與 iPhone / iPad / Mac 電腦的高度整合，終於使 iCloud 成為除了 Google 以外最重要的綜合雲端服務供應者，也是蘋果使用者黏著度最高的重要雲端服務。

iCloud 使用 Apple ID 帳號系統作為登入的唯一手段，雖然申請 Apple ID 時蘋果會給予一組結尾為 @icloud.com 的 Email 帳號讓你使用 iCloud 的 Email 服務，但實際上 Apple ID 也可以用任意的 Email 帳號作為帳號識別，只要你能在信箱驗證時證明信箱擁有權，就算你要用 Gmail 來當 Apple ID 帳號也是可以的。但不管你用哪家的信箱來作為 Apple ID 的帳號，這組帳號不僅保管著你存在 iCloud 上的所有資料，在蘋果日益重視 iCloud 並將其作為金融安全、住宅安全、電腦安全的保安加密機制下，Apple ID 的重要性不容小覷。這是因為不管是 Apple Pay、HomeKit IoT 物聯網等都是靠 Apple ID 進行驗證，如果你的 Apple ID 遭到破解，那麼可不只是資料外洩而已，甚至連你的信用卡、居家住宅保安等都有可能被攻破。雖說蘋果對於 iCloud 的保安機制一直都做得很好，也從未有過大規模遭到破解的災情發生，但保安機制做得再好，都還是有可能因為「人」的因素而遭到侵入。因此請千萬不要小看 iCloud 帳號，也千萬不要與人共用你的 iCloud 帳號。

本章非常長，因為現在的 iCloud 服務實在太多了，因此我會一個一個介紹給各位認識，只是礙於書籍篇幅無法寫得太過詳細，如果你對於 iCloud 有任何疑問，都歡迎到我的 FaceBook 粉絲團「陳寗」詢問。

蘋果企圖打敗 Dropbox 與 Google Drive 的雲端硬碟：iCloud Drive

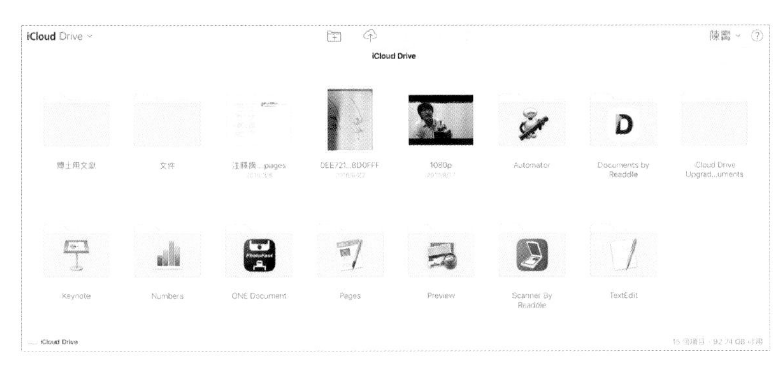

▲ iCloud Drive

在 iOS7 以前，iCloud 儲存空間對使用者來說還真沒什麼太大意義，雖說它能在電腦與行動裝置間同步資料，但除了 iWork 等蘋果官方程式之外，其他軟體根本沒有什麼機會使用 iCloud 同步檔案資料，再加上也不是人人都有蘋果三件套（Mac、iPhone、iPad）來同步，使得 iCloud 成為非常雞肋的存在。但到了 2014 年 iOS8 與 OS X 10.10 推出時，蘋果一併開放 iCloud 資料存取，推出名為 iCloud Drive 的雲端磁碟同步功能，讓 macOS 與網頁版 iCloud 能直接像 Dropbox 把整個 iCloud 空間拿來當成雲端同步磁碟使用，任何檔案都能放進 iCloud Drive 中同步到雲端與其他電腦上。到了 2017 年 iOS11 推出時，蘋果更是直接在 iOS 中加入「檔案」App，讓使用者可以在手機上用類似 Finder 的介面存取放在 iCloud Drive 中的資料檔案，終於讓 iCloud Drive 成為名符其實的雲端檔案同步服務。

iCloud Drive 的使用方法就跟 Dropbox 一樣，放進去的檔案會自動同步到雲端與其他裝置上，雖說裡面還是有一些應用程式專用的資料夾讓你放檔案，但隨著 Finder 與 iOS 都開放直接存取 iCloud Drive 所有資料，這個專屬資料夾的功用也因為不必要而逐漸淡出。iCloud Drive 在台灣使用的速度很快，就我自己的經驗，不管是家用光世代或 4G 網路，平常使用都能達到該時段中華電信所能提供的極限速度，再加上與 macOS/iOS 深度整合，使用體驗非常良好。如果要說有什麼缺點，我想應該就是蘋果那非常死硬的「免費 5GB」設定了。iCloud 無法像 Dropbox 或 Google Drive 那樣透過活動或使用時間來獲得擴充容量，唯一能讓你空間變大的方法就是付錢。目前蘋果的設定是 NT$30 擁有 50GB、NT$90 擁有 200GB，最高可達 2TB，說起來其實不到一杯咖啡的價格就能獲得好用的 iCloud 空間，算算也不算太貴。此外，從 2017 年開始，iCloud 空間配額還可以與家人一起共享，如果你家人很多，也可以直接購買 2TB 大容量空間來跟大家一起分享，也就相對划算許多了。

電腦開網頁，手機帶著走：用閱讀列表與 Safari 同步將沒看完的網頁隨身攜帶

其實這些功能並不能算是 Safari 獨有的，部分功能也能在其他瀏覽器裡找到。不過畢竟 Safari 是蘋果原生的瀏覽器且 macOS/iOS 都有，因此不管是同步速度、穩定、或是功能上都更為全面好用。Safari 的 iCloud 同步功能已經做到連瀏覽紀錄、搜尋紀錄、開啟的分頁、網站帳號密碼等都能完全同步，因此電腦與手機平板上的 Safari 使用上幾乎可說是完全一體的，就好像用同一台裝置的瀏覽器，非常好用。

早在 .mac 時期，蘋果就已經有名為 iSync 的書籤同步功能，不過以前也沒有 iPhone 可用，所以 iSync 就沒那麼重要。不過現在除了 iPhone/iPad，一個人可能也有多台 Mac 電腦，因此能把 Safari 上的瀏覽紀錄、書籤等帶著走，就顯得特別重要了。

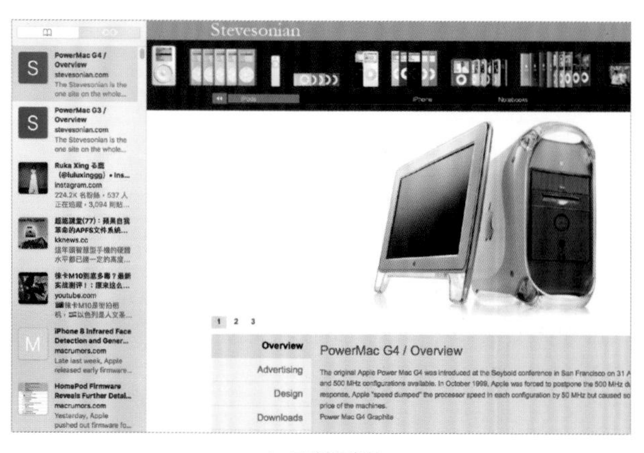

▲ 閱讀列表

閱讀列表能把你看一半的網頁存起來之後再看。以前沒有這種功能時，很多人要把網頁紀錄起來的方法，都是用書籤（我的最愛），但這樣的做法最後就是產出一串又臭又長的書籤列表，最後不僅網頁都沒看，還造成書籤列表太長而找不到需要的網頁。現在有閱讀列表之後，當你在任何一台蘋果裝置上看到想留存下來的網頁，只要點擊加入閱讀列表（快速鍵 Command+option+D），就會自動儲存在 Safari 的閱讀列表之中，只要按下 Command+shift+L 的快速鍵就能把閱讀列表打開找到先前儲存的網頁。

為了讓所有的裝置都能共享同一份閱讀列表，當你儲存網頁之後，同樣的資料就會透過 iCloud 同步給其他所有登入同一個 Apple ID 的裝置，且在 iOS 上還會額外儲存離線版本，讓你可以在沒有網路時直接點擊閱讀列表來觀看內容。

▲ 分頁同步 iPhone 與 Safari

不過由於 Safari 增加了同步分頁的功能，閱讀列表也就變得不是那麼必要，因為只要你在電腦或其他裝置上沒看完的網頁沒有關閉，都可以透過 iCloud 同步分頁來繼續從其他裝置上開啟同一個網頁，所以就沒有非得把網頁存進閱讀列表的必要性了。iCloud 分頁同步是一個完全不需要設定的功能，只要你在任何一台蘋果裝置上開啟網頁，該網頁就會用網頁分頁的形式同步到 iCloud 上並傳遞到其他裝置。之後只要你在任何一台登入相同 iCloud 帳號的蘋果裝置上開啟 Safari，就可以在分頁清單中找到其他裝置上開啟的分頁，點擊之後就可以在你使用的裝置上開啟並繼續閱讀，並不需要再用什麼訊息、閱讀列表來在裝置裡互相傳送網址了。

除了分頁同步之外，iCloud 從 iOS8 開始增加了同步瀏覽紀錄功能，你所有蘋果裝置上的網頁瀏覽紀錄、搜尋紀錄都能互相同步，就算你不小心把要看的網頁關掉了，其他蘋果裝置上依然可從網頁瀏覽紀錄中找回沒看完的網頁。這也是為什麼我在 macOS 上唯一推薦使用 Safari 來當預設瀏覽器，正是因為這些 iCloud 好用的同步功能，讓身為一個擁有蘋果三件套的果粉實在無法脫離 Safari ，改用他牌瀏覽器啊！

把聯絡人同步上 iCloud，不怕搞丟手機就跟大家失聯

其實有不少 iCloud 功能都是從 .mac 時代就有了，但當時也沒有什麼 iPhone 可以同步，雲端服務也不太普及，所以 .mac 也算是蘋果眾多太過先進生不逢時的產品之一了。聯絡人同步也是 .mac 時代的產物，雖說以前沒有 iPhone 可以同步聯絡人，但終歸也是個挺先進的概念。只要你有開啟 iCloud，不管你是在哪一台蘋果裝置（或是網頁版 iCloud)上增修聯絡人資料，都會透過 iCloud 同步給其他裝置並備份在 iCloud 上。就算你的手機搞丟，也不用擔心會因此跟大家失聯了。

iCloud 備忘錄，從文字到圖片都能在所有裝置間同步

備忘錄原先只是 iPhone 上的一個小工具，不過自從跟 iCloud 合體之後，就變成超棒的文字圖片資料暫存點了。在 macOS 與 iOS 中都以同樣名為「備忘錄」的 App，只要你在裡面輸入文字、放入圖片，都會透過 iCloud 同步給其他裝置上的備忘錄，當然也包括網頁版 iCloud。在歷經幾次改版之後，現在備忘錄不僅可以放入文字圖片，還可以快速建立備忘清單、調整文字格式，甚至連手繪圖都開始支援。如果你只是想要把一些簡單資料存起來，不需要費時地開啟 Pages 輸入文字，直接打開備忘錄來用就可以囉！

這樣一來，你不管在任何裝置上打文章寫日記，也不用再像以前那樣用 Email 或是訊息傳給自己，只要打開備忘錄輸入內容，就可以同步到所有裝置了。

備忘錄其實有很長一段時間還肩負著另一個功能：將字串傳遞到其他裝置上。舉例來說，如果我們在手機上收到一串網頁連結或認證碼，往往用 Email 訊息等傳給自己的

電腦，後來有了 iCloud 備忘錄之後就不需要再這麼做了。但現在蘋果增加了「接續互通」這項好用的功能，其中有個通用剪貼簿，能讓你在任何一台裝置上按下「複製」的內容都能同步到其他裝置上去「貼上」，取代了部分備忘錄的工作。這項好用的功能在本章節後面的接續互通中有介紹，大家稍後就會看到。

別再用手機小螢幕輸入行事曆了！在電腦上設定好再靠 iCloud 同步即可

行事曆同步也是 .mac 時代就存在的功能，簡單說就是你可以直接在電腦或網頁上輸入行事曆，再靠 iCloud 同步到手機上去，就不需要在 iPhone 那小不拉嘰的螢幕上慢慢輸入行事曆了。另外，現在 iOS 與 macOS 靠著機器學習，開始能自動判斷在訊息、Email 等內容中找出行事曆與通訊錄，只要你直接點擊訊息或 Email 中的時間或聯絡人資料，電腦或手機會詢問你是否要加入你的 iCloud 之中，非常方便。

老是忘東忘西嗎？那就用提醒事項來同步提醒吧！

行事曆是用來記錄特定時間要做的事情，而要記錄等一下要做的事情例如要買哪些菜，我們通常會用備忘錄來提醒自己。但有個問題：如果忘了看備忘錄怎麼辦？豈不是通通都白記了嗎？為了解決這問題，蘋果推出了會自動提醒你的備忘錄，名為「提醒事項」。提醒事項是用來幫助你記下特定時間該做的事情與詳細內容，例如等等出門買菜時要買哪些品項等等。為了方便提醒，提醒事項能設定「定時提醒」或「定點提醒」兩種模式，前者是在指定時間內提醒，是很常見的功能；後者就有趣多了，定點提醒能在你抵達某個位置時跳出提醒，例如你設定好到了超市時要跳出買菜項目的提醒，iPhone 就會在你抵達超市時把提醒丟出來給你看。

那提醒事項跟 iCloud 有何關聯呢？其實就跟前述的服務一樣，提醒事項在 macOS 與 iOS 中都有同樣的 App 可用，因此只要你在其中一台裝置設定好內容，就會透過 iCloud 同步給其他裝置，不需要再個別裝置上反覆設定了。

沒有蘋果裝置也無妨！
用 iCloud 網頁版就能開啟所有同步內容

▲ iCloud 網頁

如果你手上剛好沒有 iPhone，Mac 電腦也不在身邊，就只能跟 iCloud 的所有服務説掰掰了嗎？蘋果為了避免這種問題，推出了網頁版 iCloud 服務，上述的所有功能都能直接從 www.icloud.com 的網站上操作，用起來與 iOS 版本相同。除此之外，iWork 三劍客 Pages、Keynote、Numbers 也都有提供 iCloud 網頁版讓你可以在電腦瀏覽器上使用操作，功能也是與 iOS 版本相同，雖説還是沒有電腦版 iWork 的功能那麼豐富，但畢竟也是與 iOS 版本差不多，應付日常工作還是相當好用的。

iCloud 網頁版上的內容是你所有 iCloud 同步資料中的最原始資料，如果你發現部分裝置上的檔案內容與其他裝置不同，請直接登入 iCloud 網頁版，以上面的檔案資料作為參考根據。由於 iCloud 同步的資料太多也太雜，因此有時候會發生某幾台裝置怎麼樣都無法完整同步的問題，這時候請先確認 iCloud 上的資料是否正確，確認無誤後就可以直接登出並刪除有問題裝置的資料，重新跟 iCloud 同步就可以解決問題了。

最棒的 iPhone 照片備份解決方案：iCloud 圖庫

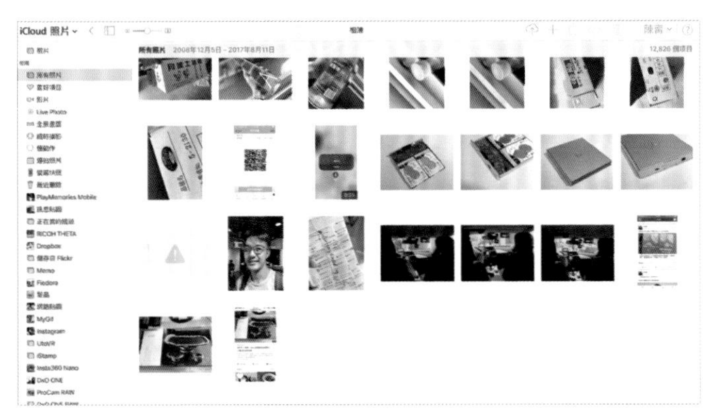

▲ iCloud 圖庫截圖

蘋果的網路相簿服務最早始於 2006 年「.mac」中的 Photocast，但當時只有將照片上傳分享的功能，類似無名小站或 Flickr。後來在 iCloud 推出之後，蘋果就不再提供網路相簿功能，將網路圖庫改成能在 iPhone、iPad、電腦版 iPhoto（或是 Aperture）之間同步任何一台裝置拍攝的照片，讓你在登入同一 iCloud 帳號的所有裝置上瀏覽同一個照片資料庫「照片串流」。

在原先 iCloud 照片同步還叫做「照片串流」時，同步到 iCloud 上的照片都是縮小壓縮過的檔案，因此只算是能看，不算是能用。而且照片串流一定要在電腦上有安裝 iPhoto 或 Aperture 時才能使用，因此整體的使用體驗非常差，讓人一點都不想使用。不過世事難預料，蘋果在 2014 年時居然做了一項重要決定：停止支援蘋果裝置上重要的兩大照片管理軟體 iPhoto 與 Aperture。這下好啦，原先支援照片串流的兩大戰將相繼陣亡，那 iCloud 照片功能要靠誰來支撐呢？

蘋果推出 Photos（中文為「照片」）來取代，説起來其實就是把 iOS 上的相簿軟體放到 macOS 上並強化功能而已。蘋果除了推新 App 之外，同時也終於釋出了能真正備份所有照片，不會壓縮破壞畫質的新服務「iCloud 圖庫」。iCloud 圖庫與照片串流都會自動同步你所有裝置上的圖片與影片，但與照片串流不同，iCloud 圖庫所同步的檔案是完全沒有破壞與變動的原始檔案，雖然會佔用更多的空間，但卻是非常好的回憶備份機制。試想一下，如果你所有的照片影片都會自動同步到 iCloud 上，那麼你就算是 iPhone 壞掉或搞丟，也不會失去所有的照片與影片，這樣不是很棒嗎？只是 iCloud 圖庫佔用的空間實在太大了，像我自己就已經用掉了 70 幾 GB 的空間，因此我每個月都得花九十元來購買 200GB 空間備份。但相較於意外搞丟所有照片，我想這錢還是花的很值得的。

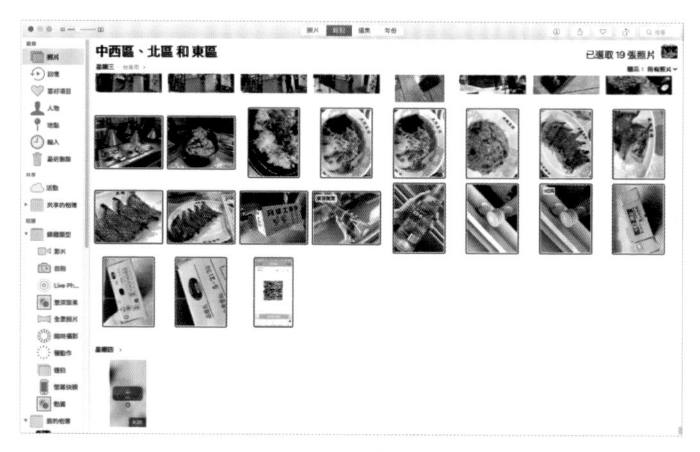

▲ Mac 照片 App

iCloud 圖庫會在你的 iPhone/iPad 連接到 Wi-Fi 無線網路且正在充電的情況下自動上傳照片，由於 iCloud 在台灣的連線速度還挺快的，且 iCloud 圖庫是採用差異化備份（僅備份更動的部分），因此除了第一次整批上傳或新手機重新下載需要較長的時間之外，平常使用時不管是下載或上傳照片的速度都是很快的。只要你回到家把 iPhone 拿去充電，過一小段時間之後，你就能在電腦上的照片 App 中看到今天所拍攝的照片或影片了。此外，iCloud 圖庫也可以直接透過 Apple TV 在電視上串流播放，如果你想跟家人朋友一起分享你出遊的照片，就可以利用這個方法直接將照片放上電視與大家分享，不需要額外傳送或下載照片。

別再用 Line 傳圖啦！
用 iCloud 照片共享傳給朋友就好囉～

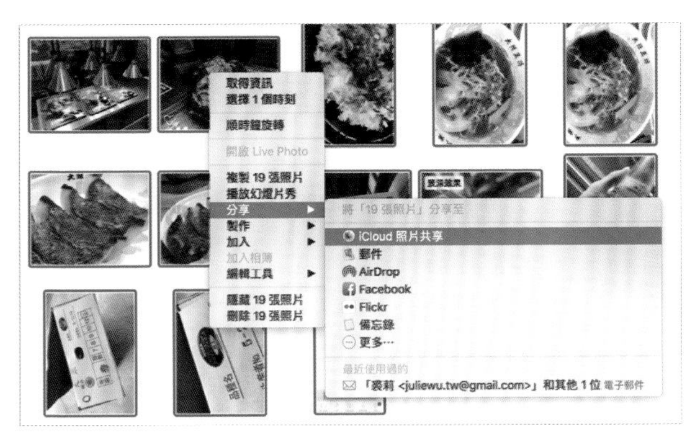

▲ iCloud 共享

每次跟家人朋友一起出門玩，回家之後還要開群組來分享當天拍的照片，實在是件非常麻煩又累人的事情。如果你的朋友們都是用 iPhone，那麼 iCloud 中的照片共享功能就可以解決這個煩惱了。在 macOS 與 iOS 的照片 App 中有個叫做「iCloud 照片共享」的功能，可以將你的照片直接透過 iCloud 共享給家人朋友而不需要用 iMessage 或 Line 來傳送。只要你在照片 App 中點選你想共享的照片，點擊分享並選擇「iCloud 照片共享」，接著再填入要共享對象的聯絡資料之後，就可以透過 iCloud 將照片共享給大家，讓家人朋友選擇是否要自己下載到 iPhone 或電腦裡，就不需要透過訊息來傳送了。

一家人不用重複買兩次 App ！家人共享可以買一份大家一起用

▲ 家人共享（出處：蘋果官網）

家人共享其實是把許多以前要透過額外 App 才能做到的功能打包起來，再加上 App、影片音樂、iCloud 空間共享等功能之後，所做出來的多人共享蘋果付費服務的功能。其實早在以前軟體還需要購買光碟的年代，蘋果就曾推出一次購買五台電腦的家庭用大量授權，像是 iWork、iLife 這些軟體都曾推出類似的特惠包。雖說以前蘋果序號根本不會管你到底安裝了多少台電腦，但從合法授權角度來看，確實家裡的不同電腦都該各自獨立購買授權才行，因此針對守法不使用盜版的人來說，這種多花點錢就能一次購買五台電腦授權序號的家庭共享包確實非常誘人。

但後來 iWork、iLife 不是停止支援，就是改成全面免費，再加上 App Store 取代了過去購買軟體光碟的消費習慣，蘋果就不再有軟體家庭包的產品。取消家庭授權包之後，取而代之的是另一個新的衍生問題：到底一家人能不能共用一個 Apple ID 所購買的 App、音樂與影片？正如前面所說，蘋果其實根本不管一個 Apple ID 購買的內容到底安裝了幾台裝置，但一來要共享 Apple ID 就得將帳號密碼交給其他人，二來全家人都共用同一份軟體授權好像也說不太過去。所以蘋果乾脆推出「家人共享」的跨使用者授權功能，讓所有被加入「家庭」的成員都能使用同一份 App 或內容授權，而不需要每更換一個 Apple ID 就得重複花錢購買一次。

家人共享可以從 iCloud 設定頁面中找到，只要你輸入你家人的 Apple ID 並取得驗證，就可以將對方設為家人。被設定為家人的 Apple ID 除了可以共享購買過的 App、音樂、影片之外，還可以共享同一份 iCloud 空間，因此如果你買了一份 2TB 的 iCloud 空間擴充，就可以把這 2TB 跟你的家人們共享，不需要每個人各自花錢買 iCloud 空間了。此外，家人共享還能直接在家庭設定中開啟 HomeKit 控制權共享，互相幫對方用 Find My iPhone 找手機，過去需要 Find My Friend 才能開啟的位置共享也能直接從家庭中開啟設定。簡單地說，家人共享就是將過去需要繁複授權才能搞定的一些私密資料共享，現在只要預先利用家人共享完成驗證，就可以省去麻煩的授權程序，甚至連 App Store 或 iTunes Store 的信用卡付款資訊都能直接共享，非常方便。

▲ 孩童購買 App 授權圖（出處：蘋果官網）

家人共享其實還有個非常重要的用途：控制小孩的 App 花費。以前在沒有家人共享機制時，大多數家長都是直接在小孩的裝置上登入自己的 Apple ID 好幫小孩下載 App，但這種作法卻會把付款資料留在小孩的裝置裡，於是就會發生小孩花大錢買遊戲代幣，家長再要求蘋果退款的新聞事件。如今有了家人共享功能後，小孩可以用自己的 Apple ID 登入裝置，再透過家人共享替小孩購買 App，讓他可以自己下載。除此之外，當小孩企圖用自己的 Apple ID 購買 App 或軟體內購時，也會透過家人共享將請求送到家長的裝置上，必須等待家長按下許可之後，小孩的 Apple ID 才會通過授權並付費購買，從根本上解決小孩用家長 Apple ID 亂買東西的問題。

搞丟手機的最佳解決方案：Find My iPhone

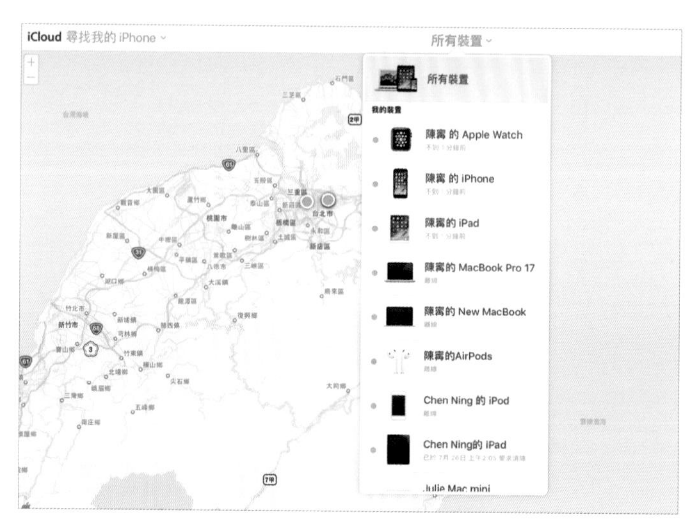

▲ 網頁版 Find my iPhone

顧名思義，Find My iPhone 就是用來讓你找 iPhone 的功能。從 2008 年推出以來至今已有八年歷史，在 iCloud 問世以前就已是非常重要的 iPhone 定位功能，除了能用來找 iPhone 之外，也可以從 Find My iPhone 的網頁或 App 清除、鎖定 iPhone 或強制裝置發出聲響。但過去由於 iPhone 的保安機制還沒完善建立，也不像現在有很嚴謹的 iCloud 帳號保護，因此過去 Find My iPhone 只是一種可以透過重置 iPhone 來取消的雞肋功能。不過隨著蘋果不斷強化更新 iPhone 保安，現在 Find My iPhone 已經變成一種無法靠重置來取消的安全防護功能，一旦啟用了 Find My iPhone，不管你用任何手段刷新 iPhone 的系統都無法解除鎖定。由於只要不解除 Find My iPhone 就無法正常啟用手機，使得 iPhone 在失竊後完全無法靠任何手段來解除鎖定，除了拿去拆機賣零件之外完全就是一塊磚頭，大幅降低竊賊偷取 iPhone 的意願，也降低因為 iPhone 失竊而讓重要機密資料外流的風險。

Find My iPhone 現在預設在第一次啟用 iPhone 並登入 iCloud 帳號之後就會生效，並不需要額外的特別設定。當你找不到手機時，你可以從其他裝置上的 Find My iPhone App 或是 www.icloud.com 的網頁版 iCloud 來尋找或控制你的 iPhone。

所有的帳號密碼都能流通：iCloud 鑰匙圈

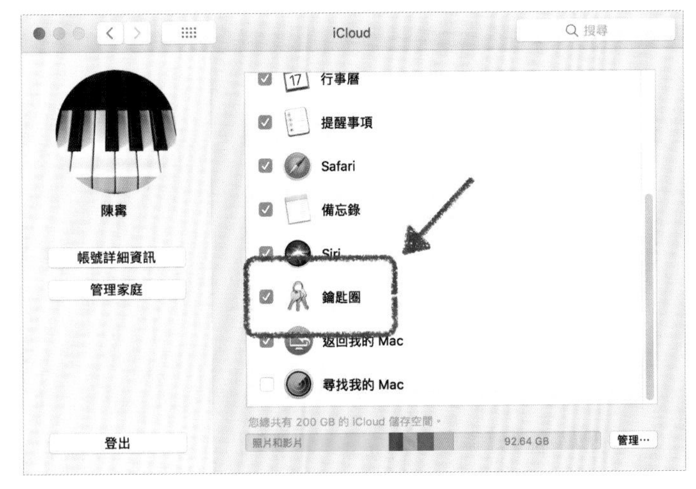

▲ iCloud 鑰匙圈

iCloud 鑰匙圈同樣是 iOS 8 與 Yosemite 的新功能，它能讓你在電腦、iPhone、iPad 之間同步你在網站上的登入帳號、密碼、以及信用卡資訊等等，讓你不用每次登入都要用 iPhone 那小不拉嘰的鍵盤輸入帳號密碼。根據蘋果的說法，這些資訊都經過嚴格的加密管制，且在新裝置上設定鑰匙圈時都必須在你其他既有的裝置上認證才可使用，理論上來說是很安全的做法，且目前也沒聽說過有人被盜用（只有 iCloud 密碼設太簡單被盜用的案例）。不過如果你很不放心這種雲端密碼儲存服務，那麼建議你還是好好記住自己的密碼吧！

* 登入密碼:

* 確認密碼:

使用 Safari 建議的密碼
35B-sPW-qYa-JE2
此密碼將儲存在您的「iCloud 鑰匙圈」，可以用來在所有的裝置上「自動填寫」。

驗證說明:

▲ 鑰匙圈密碼設定

蘋果會提供這個功能無疑是為了強化用戶的資料安全，但如果設定的密碼太過簡單，安全性依然得不到保障。iCloud 鑰匙圈能自動幫你產生很難很難破解的複雜密碼，只是這些密碼都是非常難記，這時你就會需要用 iCloud 鑰匙圈幫你記住密碼了。想要開啟這項功能，請到手機或電腦的「系統偏好設定」→「iCloud」→「鑰匙圈」中開啟。

iCloud Drive 的額外應用：上限 5GB 的超大 Email 夾帶檔案

現在大多數的 Email 電子郵件服務頂多只能挾帶 20MB~40MB 左右的檔案，太大的檔案就算真的夾著送出去了，有些人的信箱也未必能把信件收進來。自從有了 Dropbox 雲端服務之後，想要寄送大檔案通常都是先上傳到雲端，生成共享連結之後寄出讓對方下載。不過這樣的操作步驟有點繁複，雖然也不是太難的事情，但終究是個麻煩。自 OS X 10.10 開始，當你需要夾帶巨大檔案時，你不再需要將檔案另外上傳到雲端，只要拖進信件中，iCloud 就會自動幫你把檔案上傳到雲端上，並生成連結夾帶於信件中讓對方下載。用這種方式寄出的信件最大可夾帶 5GB 的檔案，不需要額外設定，只要像平常一樣寫信、夾帶檔案、寄出就可搞定。

懶得備份也不用怕：iCloud 自動雲端備份手機

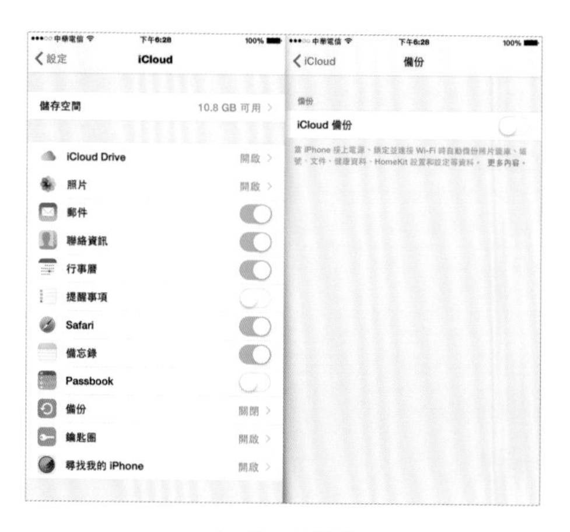

▲ Cloud 備份

其實從 iPod 時代開始，蘋果一直都有很完善的備份機制讓使用者可以將所有資料透過 iTunes 備份到電腦上。但我們捫心自問一下，我的 iPhone 已經有多久沒插上電腦，跟 iTunes 連線了呢？由於 iCloud 越來越發達，什麼東西都能直接透過網路同步下載，用 iTunes 同步彷彿已經是上世紀的玩意，有些人的 iPhone 甚至從買回來到轉手，連一次都沒有拿去插過電腦，你又怎能期待使用者們會好好地把 iPhone 插上電腦備份資料呢？

不過蘋果知道使用者平常不在乎備份，但真的搞丟手機時，還是會回頭抱怨蘋果為什麼沒有幫忙備份資料，從來不會檢討自己。因此蘋果先是推出了 iTunes 無線備份，讓 iPhone 與電腦處在同一個區域網路環境時，能透過無線網路自動備份到電腦上。但現在有很多人連電腦都沒有，於是蘋果又推出了 iCloud 雲端備份，直接把整支 iPhone 的資料通通備份到 iCloud 上，以後要恢復的時候也是直接從 iCloud 傳回來，中間完全不需要電腦，且備份時也是完全自動不需額外操作，讓使用者能在不知不覺中完成備份，大幅降低資料遺失的風險。

不過要用 iCloud 也是需要付出代價的，前面說過 iCloud 免費空間只有 5GB 可用，但一支 iPhone 的備份資料再加上 iCloud 相片圖庫，靠著少少的 5GB 是絕對不夠用的。因此我們至少得每個月花 30 元來購買空間才夠用，但還是老話一句，每個月付出一兩杯手搖飲料的金額來保護重要資料與回憶，我認為是非常非常划算的選擇。

讓你的所有蘋果裝置更緊密結合的「接續互通」

▲ 接續互通示意圖（出處：蘋果官網）

蘋果一直都很注重裝置間的工作連動功能，從 iOS 8 與 OS X 10.10 Yosemite 起，蘋果就不斷地為自家產品們增加各式各樣能讓裝置同步並互相溝通的功能，前述以 iCloud 為基礎的 iCloud 圖庫就是一例。不過以同步為主軸的功能幾乎每家手機都有，蘋果也顯然不認為單只是檔案同步就能算是讓蘋果裝置一起工作。因此蘋果自 2014 年開始，推出統稱為「接續互通（Continuity）」的多項功能，讓 Mac 電腦與 iPhone、iPad、Apple Watch 等裝置能互相傳遞資料、通訊，甚至將正在使用的工作檔案放到其他裝置上繼續應用。

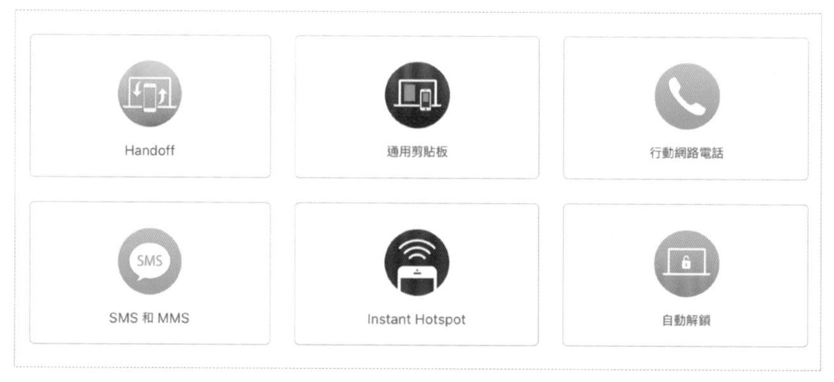

▲ 六種功能圖（出處：蘋果官網）

接續互通目前有六項主要功能，都是著重於 Mac 電腦與 iDevices 之間的功能互動。坦白說，接續互通雖然從 2014 年就已推出，但實際上受限於裝置硬體、軟體尚未完善等問題，使得接續互通在 2016 年以前都還是處在時常連不上的不穩定狀態。不過從 macOS 10.12 開始，接續互通的連線品質已經非常好了，甚至蘋果也開始將相關的應用延伸到多人協作之上，讓蘋果裝置之間的互動不再局限於個人，而是能讓朋友、同事間更緊密地靠蘋果裝置一同完成工作。以下就分別針對六項接續互通的功能個別說明，如果有任何使用上的問題，都歡迎到我的 FaceBook 粉絲團「陳寗」來問我喔！

附帶一提，由於蘋果將手機撥號與簡訊傳送分成兩個功能，因此接續互通共有六項功能。不過我在以下的介紹中將這兩個功能合併討論，因此只有五個小主題，並不是我漏掉囉！

進行中的工作、看一半的網頁都可在裝置間切換使用：Handoff

過去在完成工作之前只能乖乖坐在電腦前努力，後來有了筆電之後，讓我們也能將工作挪到咖啡廳去做。不過這些工作方式終究還是限制了你移動的可能，畢竟我們不可能邊走邊用筆電來打文件、做投影片。近年來智慧型手機、平板電腦等行動裝置效能越來越強，也讓我們終於能將工作帶著走，就算邊搭車邊打文件都沒問題。但問題來了，如果我們正在電腦前工作到一半，突然臨時得出門，那該如何將做一半的工作放到手機上繼續處理呢？反過來說，如果我們出門時有份工作正用手機處理到一半，回到辦公室後要如何把工作放回電腦上繼續完成呢？

使用 iCloud Drive 來同步檔案是個好方法，但必須先關閉檔案並等它同步完成，才能繼續用另一台裝置處理，這終究還是麻煩了點。因此蘋果推出了能將工作直接透過網路即時傳遞讓另一台蘋果裝置接手的機制 Handoff，只要有相同 Apple ID 的蘋果裝置在你附近，就能直接將工作交接給另一台裝置繼續處理。

▲ iPhone 接續互通圖（出處：蘋果官網）

Handoff 能交換的工作包括 iWork（Pages、Keynote、Numbers）的所有文件、打到一半的訊息、正在撰寫的 Email、備忘錄、以及看到一半的網頁等等。設定也非常簡單，只要你的另一台蘋果裝置（包括 Mac 電腦、iPhone、iPad）剛好在你旁邊且同時開啟藍牙並連上同一個區域網路，並且所有裝置都以同樣的 Apple ID 登入 iCloud，就能使用 Handoff 來交換工作。

要如何使用 Handoff 呢？以開網頁來說，只要你在其中一台蘋果裝置上的 Safari 瀏覽網頁，那麼你就會在另一台蘋果裝置上看到 Safari 的 Handoff 小圖示出現在畫面上，iOS 會出現在鎖定畫面左下角與多工切換畫面的下方（參考上圖），macOS 則出現在 Dock 的最左端。

▲ Mac Dock 接續互通圖

這時候只要你在另一台裝置上點擊 Handoff 小圖示，就可將你正在看的網頁直接拉到另一台裝置上瀏覽。其他 iWork 等工作也都可用同樣的方法將工作交換到別台裝置上繼續處理，不管是 Mac 電腦 → Mac 電腦、Mac 電腦 →iDevices（iPhone/iPad），或是 iDevices（iPhone/iPad）→Mac 電腦都可以用相同的方法操作。不過必須注意 Handoff 只支援 iOS 8 與 OS X 10.10 以後的裝置，詳細列表請參考蘋果官網。

iPhone 不在手邊也 OK ！
iPad、Mac 電腦都可透過 iPhone 通話傳簡訊

▲ 手機訊息接續互通圖（出處：蘋果官網）

雖然可以用 FaceTime 與 iMessage 打電話傳訊息，但如果要說到「打手機」與「傳簡訊」，過去都還是只有 iPhone 可以達成任務。不過從有接續互通開始，蘋果加入了一個超棒的功能：iPhone 能透過網路傳遞電話與簡訊到 Mac 電腦與 iPad 上。

當你的 iPhone 與其他的蘋果裝置處在同一個區網環境下，且所有裝置都登入同一個 Apple ID，就可以直接透過 iPad 或 Mac 電腦傳送接收簡訊，或是撥打接聽手機來電。由於所有資訊都是透過網路傳遞，因此就算你家超大好幾層樓，只要整棟樓都是同一個區網環境，即使你的 iPhone 放在五樓，仍可以透過 iPad 或 Mac 電腦在一樓接聽或撥打電話，再也不需要隨時將 iPhone 帶著趴趴走。由於這項功能是與 FaceTime 及 iMessage 結合在一起，因此我將詳細的操作教學放在下一章，這裡就不再重複介紹。

iPhone 複製的驗證碼直接在 Mac 電腦裡貼上：通用剪貼簿

▲ 通用剪貼簿圖(出處：蘋果官網)

現在有不少雲端服務都需要靠手機簡訊來接收驗證碼，但是當我們在 iPhone 上接收驗證碼之後，還要用手打的方式在電腦上輸入，不僅麻煩也容易輸入錯誤。過去許多人會用 iMessage 之類的方式將驗證碼傳到電腦上，但那終究還是多一道麻煩手續。現在透過接續互通，蘋果能將所有裝置的剪貼簿聯通共用，當你在電腦上複製了一串文字，就會透過網路直接傳遞給所有蘋果裝置，只要在 iPhone、iPad 上點擊貼上，就能將剛剛在電腦上複製的文字貼到手機或平板上，當然反之亦可。

這個功能與前面幾項一樣，當裝置登入同樣 Apple ID 且處在同一個區網環境時即可使用。只要你在其中一台裝置上複製文字或圖片，其他的裝置就能貼上相同的文字或圖片，讓你不用再為了小小一串文字而費盡心思傳遞，只要按下「複製」就能傳到其他裝置去「貼上」。

不需掏出 iPhone/iPad，直接從另一台裝置快速啟用網路熱點

▲ 快速啟用熱點圖

在外頭要讓 Mac 電腦連上網路，除了找無線網路來用之外，直接開啟 iPhone/iPad 上的熱點也是個好方法。不過每次都要從手機上啟用熱點，再從 Mac 電腦上點擊連線，實在太麻煩了些。不過從有接續互通開始，自己的 Mac 電腦要連上自己的熱點，就不再是件麻煩事了。使用方法很簡單，只要 iPhone/iPad 有行動網路可用且都有開啟藍牙，將 Mac 電腦或任何蘋果裝置放在附近（藍牙與無線網路通訊範圍內），就可以在裝置上的無線網路列表中看到你自己的裝置被單獨列出來，這時只要點擊該裝置，就可以在不用輸入密碼的情況下快速建立連線並開始上網。這種做法跟拿出 iPhone/iPad 開啟熱點再連線有何不同？在接續互通下，不管你的 iPhone/iPad 是否有開啟熱點，只要滿足前述條件，你所有能啟用熱點的裝置都會出現在列表之中。由於 iPhone/iPad 就算啟用熱點，每隔一段時間就會自動關閉，無法讓其他裝置搜尋，你就必須不斷重覆開關熱點的動作。但透過接續互通，不管在任何情況下，只要你的 iPhone/iPad 位於藍牙與無線網路的通訊範圍內，都不需要額外開關熱點，直接就能從另一台裝置上強制啟用熱點，讓你的熱點啟用流程更迅速快捷。

電腦不用輸入密碼，戴著 Apple Watch 就能解鎖你的 Mac

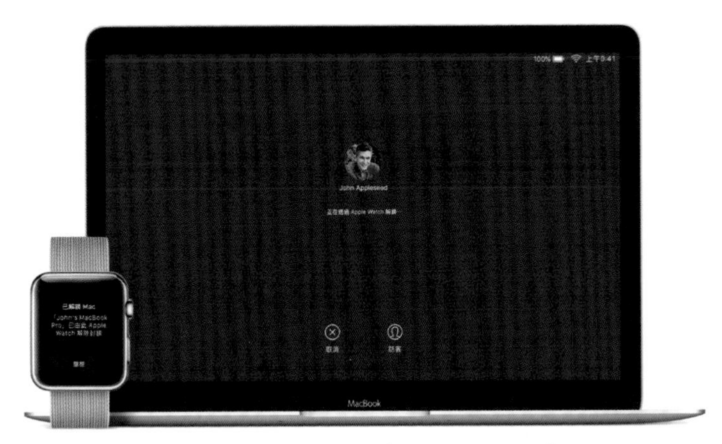

▲ Apple Watch 解鎖圖（出處：蘋果官網）

要解鎖 Mac 電腦，過去只能用鍵盤輸入密碼，不過現在新 MacBook Pro 有了 Touch ID 指紋辨識，所以也多了指紋解鎖。不管是密碼或指紋，都還是得伸出手指去按，且現在也只有 MacBook Pro 有指紋解鎖可用。不過只要你有 Apple Watch，完全不用輸入密碼或按指紋，直接掀開電腦就能靠 Apple Watch 自動解鎖。Apple Watch 在啟用時必須使用 Apple ID 進行驗證，因為 Apple Watch 也是 Apple ID 認證系統的延伸。當你戴著 Apple Watch 時，只要你周邊的 Mac 電腦有啟用 Apple Watch 解鎖、開啟藍牙，且登入相同的 Apple ID，就會在你喚醒電腦時自動進行驗證並登入系統，中間完全不需要輸入任何密碼或指紋就能通過驗證。不過這功能聽起來很方便，回想起來卻感覺挺危險的，要是你人不在電腦旁但卻戴著 Apple Watch，那豈不是任何人都能啟用你的電腦嗎？

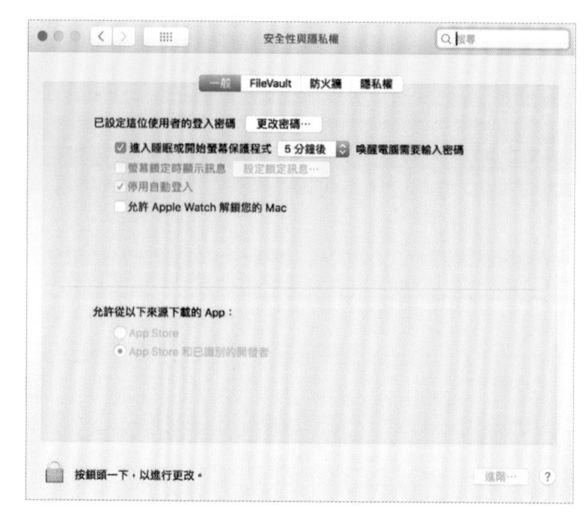

▲ Apple Watch 解鎖設定圖

要啟用 Apple Watch 解鎖，你必須先從「系統偏好設定」→「安全性與隱私權」中將「允許 Apple Watch 解鎖您的 Mac」開啟。為避免電腦被人非法啟用，Apple Watch 有兩個安全機制可以避免不被授權的電腦解鎖，第一是 Apple Watch 的自動鎖定功能，第二則是解鎖距離的限制。首先，Apple Watch 會在離開手腕的瞬間自動鎖定，這時就不能再使用電腦解鎖或 Apple Pay 等功能，只有當你戴回手腕且解鎖之後才能使用，這樣就能避免你的 Apple Watch 因為遺失而使安全機制破功；其次，蘋果利用通訊範圍訊號來判定 Apple Watch 與 Mac 電腦之間的距離，只要你與電腦之間的距離不符合「你本人在電腦前面」的標準，Apple Watch 就無法使用自動解鎖功能啟用 Mac 電腦。就我自己的測試，這個距離限制最大不到兩公尺就是只要你不在電腦旁就無法啟用的程度，確實能避免被旁人意外啟用解鎖的問題。

就算密碼被破解也不怕！Apple ID 雙重認證讓你的 iCloud 不被駭客輕易攻陷

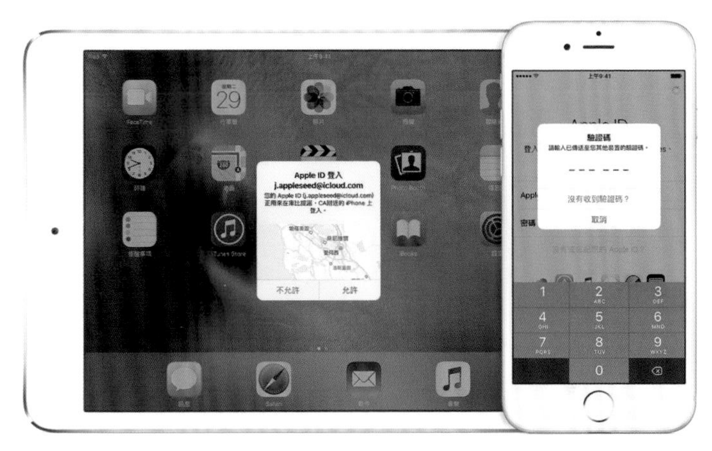

▲ 雙重認證示意圖（出處：蘋果官網）

直至今日，iCloud 已經從最初始的雲端服務，進化到個人電腦間通訊的驗證手段。從目前蘋果的系統發展來看，iCloud 將不再只是雲端服務，而是會成為整個蘋果生態圈的重要驗證鑰匙，從雲端驗證、個人電腦裝置通訊解鎖，甚至現在蘋果主打的 IoT 物聯網「HomeKit」等也都要靠 iCloud 帳號來加密驗證。由於現在 iCloud 服務涵蓋的範圍實在太廣，從個人隱私工作資料、財務金流 Apple Pay，到居家安全保安都要靠 iCloud 來進行驗證，若不幸被破解，不僅可能出現信用卡被盜刷的危險，甚至還存在因為 HomeKit 被破解而讓小偷輕易關閉你家防盜器、監視器，進而可能有直接開啟你家大門的風險。如果你已經被 iCloud 介入太多生活細節，那麼加強 iCloud 的帳戶系統 Apple ID 安全就是非常必要的事項，這時候你就得啟用蘋果的終極安全認證「雙重認證」。

雙重認證的原理其實很簡單，就是每當你要登入 iCloud 帳號時，除了輸入密碼之外還必須透過另一台蘋果裝置上的認證碼才能順利登入。舉例來說，當你要在電腦上登入 iCloud 帳號時，其他已經登入相同 Apple ID 的裝置就會跳出認證許可要求與六位數認證碼，這時你就必須在電腦上輸入六位數的認證碼才能登入 iCloud。在雙重認證的機制下，即使你已經知道 iCloud 帳號密碼，但只要你沒有透過其他裝置進行二次認證並取得認證碼，就算你輸入正確密碼也無法登入。

啟用雙重認證可以從 Mac 電腦或手機上進行，但切記你一定要有兩台以上的蘋果裝置，才有啟用雙重認證的意義。試想一下，如果你手上就只有一支 iPhone，那麼在啟用雙重認證後不是無法進行二次認證（因為沒有第二台蘋果裝置），就是得用手上的 iPhone 自己認證自己，那豈不是完全失去雙重認證利用第二台裝置來保安的用意了嗎？因此如果你現在手上仍只有一台蘋果裝置，還是維持原先的密碼登入機制就好，等到有第二台蘋果裝置（Mac、iPhone、iPad 皆可）時再啟用雙重認證。

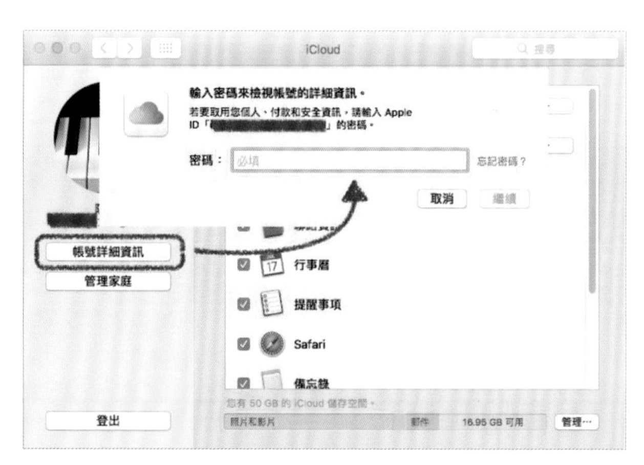

▲ 雙重認證啟用步驟圖 1

要啟用雙重認證非常簡單，首先請打開電腦的系統偏好設定並進入 iCloud 設定頁面，接著再點擊左側的「帳號詳細資訊」，輸入 Apple ID 密碼之後按下「繼續」。在接下來的頁面中點擊安全性，就可以看到設定雙重認證的按鈕，按下之後就會再次確認你是否要啟用雙重認證。

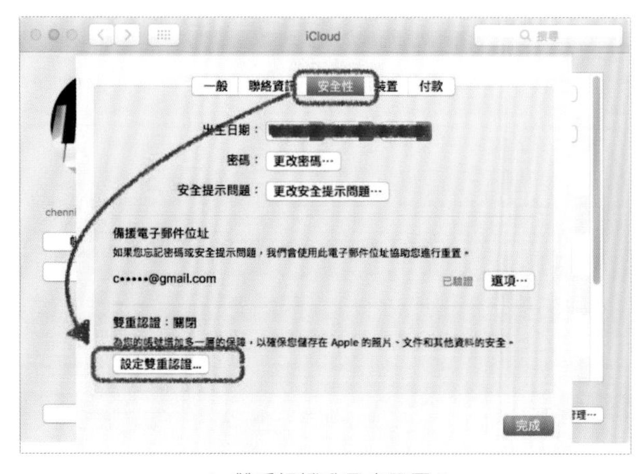

▲ 雙重認證啟用步驟圖 2

之所以要重複詢問，是因為一旦你啟用雙重認證之後，原先的安全提示問題回復密碼的功能就會失效，雖說還會有幾週的時間讓你可以反悔關閉雙重認證，但只要超過時間，你的 Apple ID 從此以後就只能靠雙重認證登入且再也不能關閉。

▲ 雙重認證啟用步驟圖 3

順帶一提，初次啟用雙重認證時必須用手機號碼確認你的 iPhone 號碼所有權，可以選擇 SMS 簡訊或是語音來電兩種方式。手機號碼驗證是為了讓你在未來忘記密碼或登入新裝置時可以用來作為身份驗證的手段，是在取消安全提示問題之後的回復密碼手段，因此請務必用自己的手機號碼來驗證，以免未來發生不必要的帳號侵入意外。

LESSON

10 蘋果免費網路通訊服務「FaceTime」、「iMessage」

目前使用蘋果 iCloud 帳號的免費通訊方式共有三種：視訊聊天 FaceTime、免費訊息 iMessage、以及電子郵件 iCloud 信箱。其中 iCloud 信箱就是傳承自最早的 .mac 信箱服務，在第 9 章有介紹過，這裡就不重複說明了。

蘋果自己的「Line」=FaceTime + iMessage

FaceTime 與 iMessage 現在雖然被分為兩個程式運作，但在這兩個名字出現以前，蘋果就已經提供同時支援文字聊天與免費視訊的服務了。

源自 iChat，但卻是為 iPhone 所做的服務

▲ iChat（出處：蘋果官方商品圖）

早在 2003 年 Mac OS X 10.2，蘋果就推出 iChat AV，這是一個融合前一版 iChat 線上文字聊天以及全新視訊聊天的軟體，在那普遍還使用文字聊天的 21 世紀初，能用電腦直接面對面聊天對任何人來說都是全新的體驗，就連曾經稱霸網路視訊聊天市場好幾年的 Skype 也是在 iChat AV 推出後的兩個月才推出第一個公眾測試版軟體。

▲ iSight 產品圖

在 iMac G5 內建攝影機以前，所有蘋果電腦都必須透過一支叫做「iSight」的攝影機才能擁有視訊功能，由於這支攝影機設計實在太漂亮了，因此有不少電影、漫畫都曾出現過它的蹤影。後來蘋果電腦除了沒有螢幕的 Mac Pro、Mac mini 之外，全系列皆配備攝影機，因此原先的 iSight 攝影機停產，改為將電腦螢幕上方的內建攝影機稱為「iSight」。iChat 服務一直是蘋果最穩定的視訊軟體，且能支援多人視訊會議、播放投影片等功能也讓 iChat 成為不少外國企業的愛用軟體。目前所有蘋果產品的前鏡頭都已改名為 FaceTime 攝影機，iSight 的名號則被用於 iPhone 後方的攝影機。

▲ 賈伯斯 FaceTime 發表會圖（出處：YouTube）

到了 2010 年，蘋果發表全新外型設計、配備視訊前鏡頭的 iPhone 4，同時也發表專為 iPhone 設計的免費視訊服務 FaceTime。一開始的 FaceTime 僅支援 iPhone 4 與 iPad 2，一直要到隔年才以 App 的形式出現在 Mac App Store 上供 Mac OS X 10.6.6 以後的電腦購買下載，售價 NT$30。而 iMessage 則到了 2011 年才正式發表於 iOS 5

上，但與 FaceTime 一樣，在初期都不支援 macOS 使用，直到 2012 年 Mac OS X 10.8 Mountain Lion 才正式將 iMessage 納入系統中，而原先需付費使用的 FaceTime App 也成為 macOS 的免費內建功能。

2012 年 Mountain Lion 同時內建 iMessage 與 FaceTime 之後，原有的通訊軟體 iChat 已無用武之地，隨著兩個新服務的誕生而死亡。iMessage 繼承了 iChat 的文字聊天、傳送檔案功能、以及多帳號（AIM、Yahoo、Google）登入，FaceTime 則提供更高畫質 / 音質的免費視訊服務，但原先 iChat 引以為傲的多人聊天、文檔同步播放等功能卻被拿掉，取而代之的是從 OS X 10.10 Yosemite 開始內建的新功能「接續互通」—— 讓 macOS 能透過 iPhone 直接撥出 / 接聽手機電話。

使用 iCloud 帳號，iPhone / iPad / macOS 都能共通

FaceTime 與 iMessage 都是使用 iCloud 作為通訊識別；你可以使用不同 iCloud 帳號開通服務，使用不同帳號與人通訊。

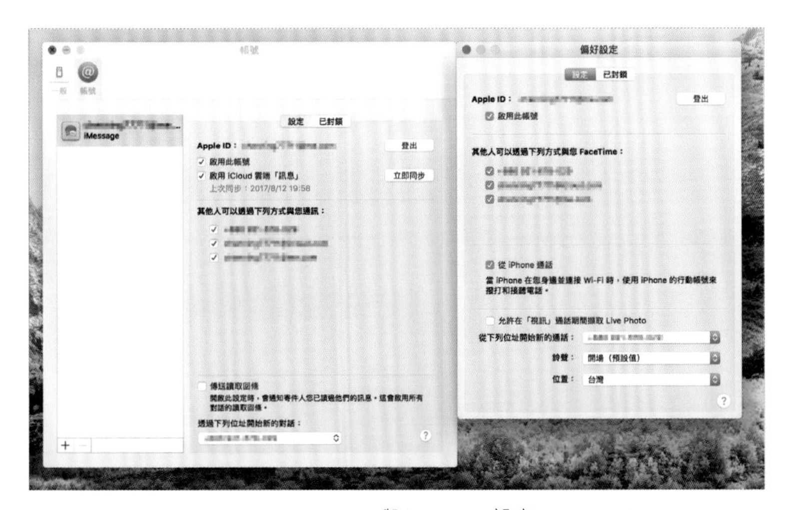

▲ iMessage 與 FaceTime 設定

登入的方法很簡單，直接打開 iMessage（中文顯示為「訊息」）或 FaceTime App，再點擊螢幕右上角 App 名稱之後點選「偏好設定」，就可以開啟如上圖的視窗，接著再登入你的 iCloud 帳號即可。如果你的帳號曾經在 iPhone 上開通過，那麼在登入的同時也會一併帶入你的手機號碼做為識別之一。一般來說，除非你的手機不是 iPhone，否則每個人用單一個帳號登入之後都會出現兩到三個識別項目，包括手機號碼、iCloud.

com 與 me.com 結尾的 iCloud 帳號。但如果你是近期才加入蘋果的新朋友，就只會有 iCloud.com 帳號與手機號碼，而不會有 me.com 了。

▲ FaceTime 與 iMessage 支援畫面

FaceTime 與 iMessage 都只有蘋果用戶才能使用，因此在與朋友通訊時也必須先瞭解對方是否也擁有 iCloud 帳號且已開通這兩個服務。要識別的方法很簡單，只要把電話號碼從撥號盤輸入後用力按下通話鍵，如果出現 FaceTime 的字樣，就表示對方也能使用 FaceTime；iMessage 則是直接在訊息收件人的位置輸入對方電話號碼，如果下方的訊息傳送按鈕變成藍色，則代表對方也能使用 iMessage。由於只要擁有 iPhone，就可以用手機號碼開通這兩個服務，因此有些人只要手機號碼就能通訊，要看對方是否能用這兩個通訊方式，直接把對方加入通訊錄是最快的方法。

免費文字 / 語音訊息服務，任何檔案都能傳送

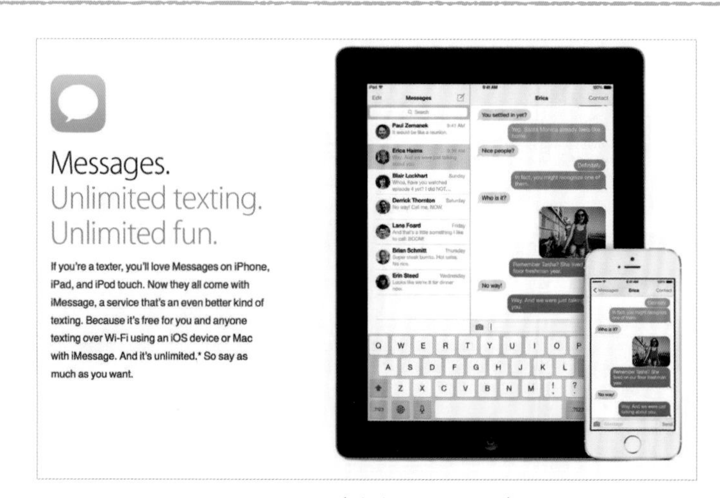

▲ iMessage（出處：蘋果官網）

iMessage 的專屬 App 在中文叫做「訊息」，在 macOS 與 iPhone/iPad 上都肩負著傳送 iMessage 及手機簡訊的工作。為了讓使用者辨識傳出去的是免費的 iMessage、還是會被電信商收費的簡訊，iMessage 傳送時會以藍色的對話框顯示（如下圖左），簡訊則會以綠色對話框顯示（如下圖右）。

承繼 iChat 傳送檔案的功能，iMessage 也能傳送不限格式的檔案，且傳送照片時並不會預先壓縮，因此相較於 Facebook Messenger、Line 那悲劇的照片傳送畫質，iMessage 可說是除了直接用 Email 寄送之外畫質最好的照片傳送服務。

▲ 接續互通 iMessage（出處：蘋果官網）

另外，如果你的 iPhone 與電腦放在同一個網路環境下且都使用同一個 iCloud 帳號登入 iMessage，當你在 iPhone 上收到簡訊時，電腦上也會收到由 iPhone 轉發過來的訊息，讓你不需要開手機也能看到訊息。這是 OS X 10.10 新加入的功能「接續互通」，不僅能讓電腦收到簡訊，也能讓電腦透過 iPhone 發出簡訊。

現在的 iMessage 不僅能傳文字、傳檔案，還能傳送語音訊息。在訊息 App 介面的右下角有個麥克風圖案，只要按著它不放就可以開始錄製聲音，之後再按下傳送就可傳給對方，對於手上沒空打字的朋友來說特別實用。

iMessage 的語音訊息在電腦上用起來很怪，因為電腦打字實在沒什麼困難。但如果是在 iPhone 上使用，就可以在收到時直接將手機放在耳朵邊收聽、並在聽完後回覆，因此 iMessage 語音訊息可說是專為 iPhone 而生的功能，只是 macOS 也一起支援此功能罷了。

免費視訊 / 語音通訊服務，音質畫質都可達 HD 等級

▲ FaceTime（出處：蘋果官網）

FaceTime 跟其他廠商推出的服務相比，最大的特色就是「穩定」、「畫質 / 音質都很棒」。自從 iPhone / iPad / Mac 電腦都配備擁有至少 480p 以上解析度的 FaceTime 攝影機之後，蘋果就將 FaceTime 的最高規格往上拉到 720p，在穩定網路連線下，FaceTime 都能傳送極高畫質的即時影像與聲音，每分鐘所需的網路流量甚至可高過 25MB。而且 FaceTime 能在頻寬不足、使用行動網路時自動降低視訊品質或停止視訊來維持良好的聲音通訊。另外，FaceTime 也支援純聲音通訊的「FaceTime 音訊」，藉由優秀的聲音壓縮演算法，讓 FaceTime 音訊能用極低的網路流量傳送優異的聲音通訊。就我個人的經驗，FaceTime 音訊的音質遠勝過目前市面上的任何一款通訊軟體、也包括手機通話，是我最喜歡的電話通訊方式。

當你要撥打 FaceTime 時，可以直接從通訊錄中按下 FaceTime 標誌、也可直接開啟 FaceTime App 來使用。在每個能使用 FaceTime 的通訊錄人名後方都會有一個攝影機圖案、以及一個電話筒圖案，這兩個圖案分別代表視訊及音訊，如果你只想打音訊，就請你直接按那個電話筒吧！在音訊通話中可以隨時再切換成視訊，因此如果對方或自己的網路通訊暫時不太好，就請先用音訊通話，等網路環境變順之後再轉成視訊。

OS X 10.10 的新功能「接續互通」也支援 FaceTime 通話，讓使用者能從電腦上接聽 / 撥打 iPhone。與 iMessage 一樣，你的 iPhone 與電腦必須待在同一個網路環境內並使用同一個 iCloud 帳號登入，當電話響起時，你才能在電腦上看到通知並直接接聽。

▲ FaceTime（出處：蘋果官網）

要用電腦撥號也很簡單，你可以直接從通訊錄上點擊對方的電話號碼撥號，也可以在 FaceTime App 的搜尋框上輸入電話號碼、或在 Safari 的網址列上輸入「tel:// 國碼 + 區碼 + 電話號碼」來透過手機撥打電話。

請注意，如果你用「接續互通」的方法打電話，那就不再是 FaceTime 免費通話，而是透過 iPhone 用電信商的通話服務撥號，只是聲音透過網路從電腦傳到手機而已。這樣的通話方式還是會被電信公司收錢，請不要誤以為這是免費服務而瘋狂講電話！免費的是 FaceTime 視訊 / 音訊，透過 iPhone 連線打電話還是要錢的。

LESSON

11 一台電腦多人使用，增加「使用者」讓資料不混亂

macOS 是源自於 Unix 的系統，對於「使用者」權限有非常嚴格的規範，只是多數人的電腦通常都只有自己一個人使用，或是全家人共用同一個使用者帳號，因此對「使用者」這個觀念並不熟悉。在 macOS 上，不僅可以針對不同使用者設定不同的帳戶，甚至還可以對每個帳戶的電腦使用權先設定非常細項的限制，本章後半部的「分級保護控制」就是使用者權限限制的相關應用。

設定多個使用者帳號，限制你的朋友「亂搞電腦」

常常聽到有人因為電腦共用而被亂改設定或是盜用資料，其實這些問題都可以靠「使用者帳號」來處理，在 Windows 上也有類似的功能，一樣都能利用不同使用者帳號來限制對於家目錄（家目錄架構請見本書第七章）資料存取。但由於 Windows 大多會分割磁碟槽且對於個別檔案沒有嚴格的權限管制，即便開了不同帳號仍無法避免資料被盜取。macOS 則因為大多數的資料都是放在使用者各自的家目錄之中，切換帳號之後就會銷鎖定將其他使用者家目錄，因此除非把硬碟拆出來讀取，否則一般使用者都無法盜取其他使用者帳號家目錄中的檔案。

▲ 使用者設定預設介面

新增 / 刪除使用者是非常簡單的操作，只要點擊螢幕左上角的蘋果圖案，再從「系統偏好設定」→「使用者與群組」進入，就會看到如上圖的介面。第一次進入這個介面時會發現所有資訊都被反白，這是因為 macOS 多數設定都需要密碼才能更動，請點擊上圖左下角的鎖頭並輸入密碼，就可以將所有設定項目解鎖。

▲ 使用者設定介面

只要再點擊視窗左下角的「+」加號就可以新增使用者了，新增方法很簡單，只要填寫帳號名稱、密碼、密碼提示等資訊就可完成。但如果這個帳號是要給朋友、或是公共電腦要給客人使用，就要特別注意設定給電腦使用的帳號類型與權限。

最上方的「管理者」擁有電腦最高權限，可以任意刪除資料、安裝程式、新增刪除使用者帳號；「一般」與管理者類似，但不能更動使用者帳號與群組；「使用分級保護控制來管理」則是搭配保護家中小孩電腦安全的「分級保護控制」使用，能極大程度限制電腦使用並監控所有使用資訊；「僅訪問」則是讓網路連線使用的訪客帳號，當你要開放電腦資料夾，讓朋友透過網路連線存取時就可使用這個帳號類型。

啟用「分級保護控制」，避免小孩做不該做的事

雖然名為分級保護控制，但我認為其實這並不只適用於讓小孩不要亂搞電腦亂上網。實際上分級保護控制能做的功能與限制很多，從最簡單的色情網站或指定網站限制之外，連檔案存取、安裝程式、訊息傳送、電腦開關機時間等也都能嚴格限制，且還具備非常仔細的電腦工作歷程記錄，可讓你檢查使用者操作的內容。所以分級保護控制也可以用來管控公共空間的電腦，或是控制那些配給員工使用的工作電腦，以避免電腦被人亂搞，或是有人不認真工作等等。不過還是要提醒，惡意記錄使用者的資料、通訊紀錄內容等都是違法的，因此請在合理的範圍內使用，不要輕易以身試法。

順帶一提，同樣的分級保護控制在 iPhone/iPad 上也有，可以在設定 → 一般 → 取用限制中找到同樣的功能。你可以直接把要給小孩或是公共空間使用的裝置預先設定好並用密碼鎖起來，就可以達到跟 macOS 上分級保護控制一樣的效果了。

▲ 系統偏好設定

分級保護控制的設定面板位於系統偏好設定之中，請點擊電腦螢幕左上角的蘋果圖案，啟動「系統偏好設定」。視窗中有個分級保護控制，是個有大人牽小孩圖案的黃色圓圈，點擊進入分級保護控制的設定面板。

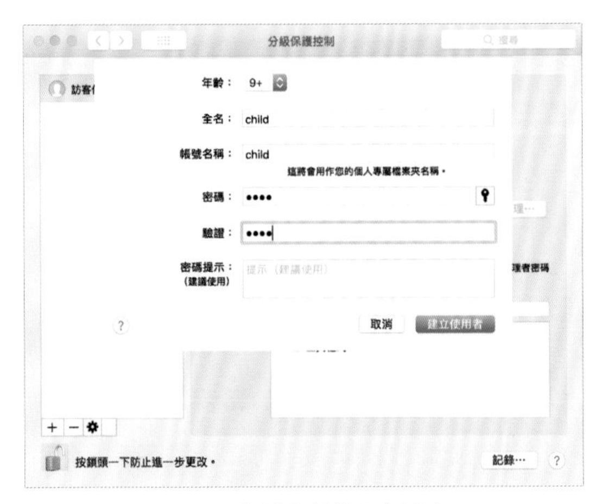

▲ 分級保護控制使用者設定

針對使用者的限制，是依附在 macOS 嚴謹的使用者帳號規範之下，你必須直接設定一個新的帳號來作為分級保護控制的控管對象。由於是利用使用者帳號來設定，如果你家中不只一個小孩，就可以利用不同帳號來區分各自的操作限制範圍。在一開始分級保護控制中是不會有任何使用者的，請點擊左下角的「＋」加號新增使用者。你必須輸入使用者的名稱、密碼等資料之後才能完成開通新使用者的設定。

限制 App 開啟、攝影鏡頭、電子郵件收發

▲ 分級保護控制 - App 設定

每一個使用者都有 App、網站、商店、時間、隱私權、其他等六個不同的限制項目，能針對使用者的電腦操作行為做嚴格的規範。第一個 App 能限定使用者能使用哪些 App，如果你家小孩老是喜歡用電腦打電動，App 限制就是很重要的項目啦！不過坦白說，如果家裡用 macOS，小孩本來就沒什麼電動可玩，這個限制其實在我看來用處也不大。而且現在能玩電動的設備太多了，智慧型手機、平板電腦、網咖都是可以打電動的途徑，因此最好的解決辦法還是多溝通，一味地限制效果並不好。另外 App 項目中也能限制視訊鏡頭與電子郵件收件人，避免小孩因為上網交友而受到不必要的傷害。

限制連接網站，直接封殺各種色情、遊戲網站

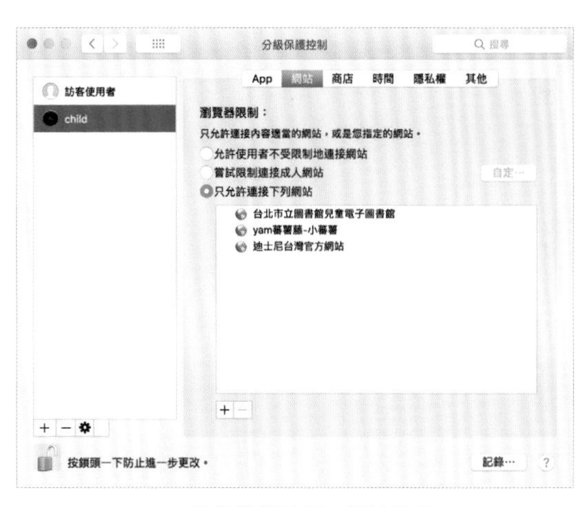

▲ 分級保護控制 - 網站設定

很多父母都會擔心小孩亂逛色情網站而學壞，雖說我並不認為愛逛色情網站就一定會變壞，但如果你有這個疑慮，或是想直接封鎖色情、遊戲、社群網站等，就可以用這個限制網站功能，將色情網站擋掉，或是更直接限制電腦只能上某幾個網站。比起不讓小孩亂逛網站，我認為限制網站功能反而更適合用在公用電腦或是員工使用的工作電腦上，直接用網站限制功能把那些社群、遊戲、購物網站通通擋掉，就可以避免員工不專心工作或是訪客亂搞電腦了。不過還是要提醒，現在上述的各種「不恰當」網站其實也都可以用智慧型手機來開啟，因此限制電腦本身其實也真的就只是限制電腦使用而已，並無法百分百根絕問題。

限制不可以從 App Store、iTunes Store 下載購買不恰當的內容

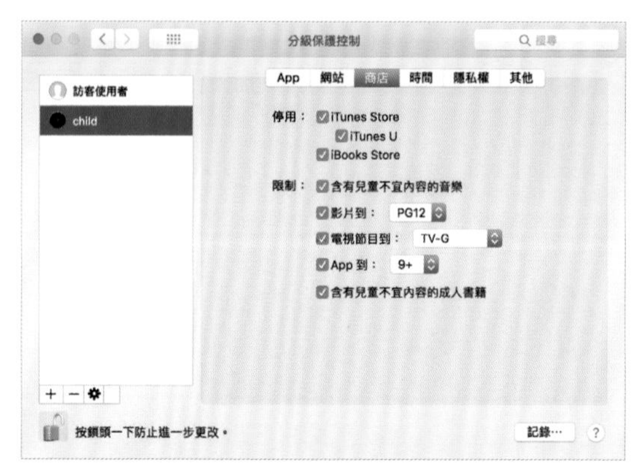

▲ 分級保護控制 - 商店設定

雖說蘋果 Mac App Store、iTunes Store 等商店的內容都已經過嚴格的審查，但終究還是會有些內容你不希望被小孩下載使用，例如遊戲之類的。你可以從「商店」這個分頁中停用商店，或是限制不能下載購買指定分類的內容。不過，現在台灣有多少人真的是從商店購買內容呢？而且這是個連 A 片都能直接上網線上看的時代，設定商店限制的用途真的不大，真要好好控管，我認為限制網站是比較有效的做法。

怕小孩電腦用太久傷眼睛？那就限制使用時間吧

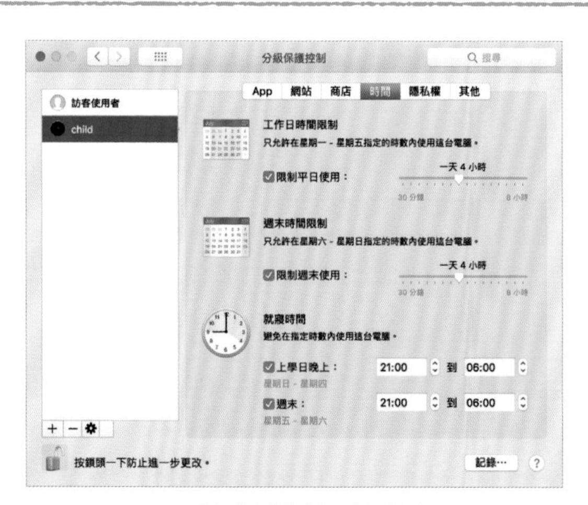

▲ 分級保護控制 - 時間設定

相較於限制色情網站或打電動，我相信更多家長擔心的是小孩使用電腦的時間，怕他們電腦玩太久而傷眼睛。「時間」分頁可以控制電腦使用的時間，你可以用時間長度、時段區間來限制電腦的可用時間，還能針對工作日、假日、上學日等時間做不同的設定，避免小孩玩電腦玩太久而影響視力，也可以避免小孩半夜偷偷爬起來打電動。

不讓電腦存取重要機密資料或個人資訊

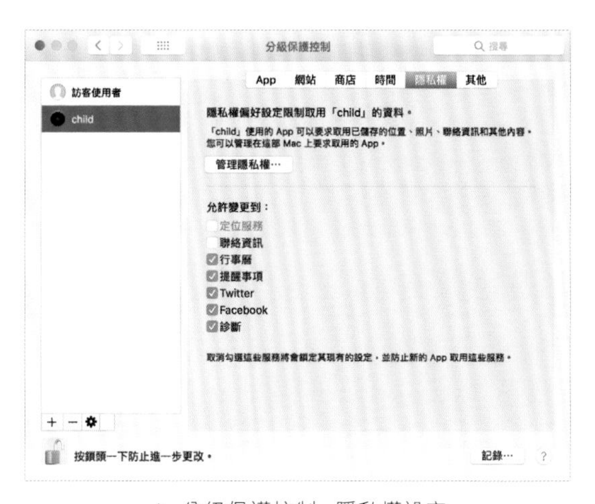

▲ 分級保護控制 - 隱私權設定

如果你也擁有 iPhone，應該有注意到一些 App 如遊戲、通訊軟體等在第一次使用時，都會要求開放如通知、定位、個人資訊等權限的對話框。這是為了避免 App 運作時未經允許而存取敏感的個人資料，才特別設計的允許機制。一般來說，任何使用者都可以自己決定哪些資訊要與 App 共享，但分級保護控制的用意就是避免小孩在不經意的情況下將資訊洩露而使自己暴露在危險之下。因此分級保護控制可以讓你預先幫小孩設定好能開放的資訊，並從面板中限制小孩不得變更開放資訊的設定以策安全。不過存在電腦中的個人資訊且有機會公開的其實不如 iPhone 的多，因此這功能我個人認為算是聊勝於無的東西，倒是 iPhone 上的取用限制上更需要注意這些內容。

公共空間必備的簡易版 Finder 與其他限制項目

▲ 分級保護控制 - 其他設定

最後的「其他」分頁中有個簡易版 Finder，是我認為整個分級保護控制中最有用的功能。在開啟這個功能後，原先可以存取整台電腦資料的 Finder 會簡化到幾乎沒有辦法存取任何資料的程度，對於放在公共空間的電腦來說特別好用。雖說蘋果相對較少有病毒威脅，但能避免使用者亂搞電腦裡的資料終究是件好事，如果你家、公司、或店裡有專門給訪客使用的公共電腦，就可以開啟這個功能來避免使用者未經允許存取寫入資料到你的電腦中。

另外，在分級保護控制面板的右下角有個「記錄」按鈕，點擊進去之後就能看到該使用者帳號的電腦操作歷程，可以看到使用者開啟過的網站與 App 等內容，也可以從這裡找出不恰當的操作直接封鎖。

LESSON

12 蘋果電腦也能使用 Windows！

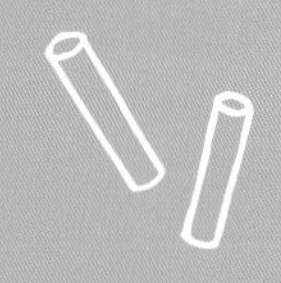

自 2006 年蘋果正式將電腦更換成 Intel 架構之後，蘋果電腦就成了外皮依然蘋果、內裡架構卻跟 PC 相差無幾的主機，因此能直接安裝 Windows 也就變成順理成章的事情了。現在所有的蘋果電腦都可以藉由 BootCamp、或是虛擬機的方式運行 Windows、Linux 等第三方系統，讓 Mac 家族不再受限於 macOS，不管是想用來打電動、或是單純要使用 Windows 限定軟體，都可以直接在蘋果電腦上使用而不需要額外購買一台 PC。

蘋果電腦運行 Windows 的方法有兩種：完整安裝 Windows 到電腦裡的 BootCamp，以及在 macOS 中再虛擬出「第二台電腦」的虛擬 Windows。前者必須分割磁碟作為 Windows 磁區，且每次使用都必須重新開機才能啟動 Windows，但好處是能完整使用電腦效能，適用於重度效能需求的使用者；後者則是在 macOS 中利用虛擬化技術創造出一台虛擬主機，再將 Windows 安裝在這台「電腦中的電腦」裡頭。由於虛擬主機是架構在 macOS 之上，儘管現在虛擬化技術已能讓 CPU 發揮極大效益，但 3D 繪圖功能依然無法與 BootCamp 相比，只適合需要 Windows 但不需要 3D 效能的人士使用，好處是不需要重開機就可與 macOS 並行使用。

電腦中的電腦，
虛擬機讓你在 macOS 中執行 Windows 程式

虛擬機顧名思義，就是在電腦中「虛擬」一台電腦給你用的意思，類似模擬器模擬遊戲主機來打電動的感覺。由於現在電腦的效能越來越強悍、虛擬化技術也日新月異，如今模擬主機的效能已經高到能讓你玩輕度 3D 遊戲的程度，以一般日常使用來說已非常足夠。再加上現在新的蘋果電腦多已採用 SSD，因此也少有讀取速度太慢導致虛擬機效能低落的問題，是一般人跨足雙系統的最佳選擇。

除了重度 3D 軟體之外，虛擬機已足敷多數人日常工作使用

▲ 虛擬機的 Windows 視窗

上圖的 Windows XP 視窗是利用 Parallels Desktop 軟體虛擬出來的電腦環境，能運行完整 Windows 作業系統。根據你的電腦硬碟讀取速度、記憶體大小、以及 CPU 核心數量可以一次開啟多台虛擬機，能開多少台、開了之後順暢與否完全依你電腦的效能極限而定。

現在的虛擬機有多強？根據實測，我的 2009 年 MacBook Pro 17 吋頂規（Core2Duo 3.06Ghz + Plextor M6s 256GB SSD）可以一次開啟兩個 Windows XP 來分別練兩個「三國 2」（線上 3D 遊戲）的角色，由此看來雙核心 CPU 一顆開一台是沒有問題的，且就算用來執行最新的 Windows 10 也不會有效能低落的問題，我的示範都用 Windows XP 純粹只是因為我習慣用 XP，跟效能無關。

人性化的操作介面，讓你把 Windows「當成程式來用」

▲ 虛擬機

傳統虛擬機有一獨立視窗專門用來顯示整個 Windows 系統，但所有視窗都被限制在另一個視窗裡終究還是有些麻煩，因此虛擬機廠商想了不少能解決視窗空間限制的解決方案，例如 Parallels Desktop 的 Coherence（融合）模式，能將 Windows 裡面的視窗獨立出來，讓所有視窗跟 Mac 的視窗混在一起使用，這樣雖然因為介面風格不同變得有點醜陋，但至少解決了所有 Windows 視窗都得被限制在虛擬機視窗中的問題，讓使用者能直接忽略 Windows 虛擬機的存在。

另外現在還能指定檔案類型用 Windows 內的程式開啟（例如 .doc 用 Word 2007 開啟），且 Windows 中的「檔案總管」能直接映射 Mac Finder 路徑讓兩者共通，因此實際應用上並不會有特別突兀的感覺，反而是直接把 Windows 當成 Mac 中的一個超級多功能 App 使用即可。

選擇合適的虛擬機軟體

虛擬機目前有三大品牌 Parallels Desktop 、VMWare 與 VirtualBox，前兩者是付費軟體，後者則是免費軟體。以我個人的使用經驗來說，儘管 VMWare 在商用伺服器上廣受歡迎，但如果要論在 Mac 上的實用性、順暢度，我個人認為還是 Parallels 略勝一籌，因此我從第一台 2006 Intel MacBook 開始就一直都用 Parallels 當虛擬機軟體且年年都付費更新。

如果你怕買了不好用，可以先下載來試用看看，有十四天免費我想應該足夠你評估了。另外，如果你的虛擬 Windows 只是拿來開著網路 ATM 之類的，並不追求高效能表現，那麼免費的 VirtualBox 就很夠用了，並不需要另外花錢買虛擬機軟體。

用虛擬機安裝 Windows：以 Parallels Desktop 為例

很多人在安裝虛擬機都會遇到同樣問題：要去哪裡找 Windows 來裝？我必須先澄清一下，虛擬機軟體只是幫你虛擬出一台主機來，剩下的東西你都得自己裝好。就好像你在家裡弄個房間當小套房，你仍然要幫他買床買衣櫃，小套房並不會自己生出家具，同理虛擬機也不會自己生出 Windows 讓你裝，Windows 安裝程式與序號必須由你自己另外買。不過也因為是開個「虛擬」主機給你，因此 Parallels Desktop 也可以用來安裝 Linux、Chrome OS、Android、甚至虛擬 Mac OS X ！對於系統軟體開發者來說也是相當實用的軟體。

▲ 虛擬機安裝

接下來就開始安裝啦！由於現在的 Mac 大多已經沒有光碟機了，因此 Parallels Desktop 支援 ISO 光碟映像檔安裝，如果你擁有系統的光碟映像檔就直接用它來安裝即可。

▲ 虛擬機安裝

搞定最麻煩的安裝光碟或映像檔之後，剩下的就很簡單了。由於現在 Parallels 簡化了整個安裝過程，只要你預先輸入 Windows 序號並把軟體設定好就不需要去管安裝之中的所有流程，只要等所有的進度條、安裝畫面自己咻咻咻的跑完之後，Windows 就已經安裝好可以使用了。

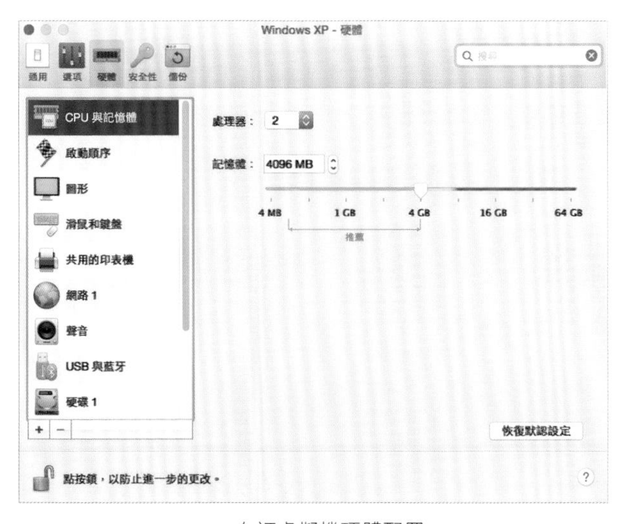

▲ 自訂虛擬機硬體配置

假如你很熟電腦硬體，你也可以自訂虛擬機的硬體配置，就可以突破原廠設定的限制，打造出效能更強悍的虛擬機。不過請記住一件事，你給予虛擬機的所有效能都是從 Mac 這邊剝奪過去的，當你把虛擬機效能開越高，就表示 macOS 的效能被限制越多，請自己決定效能優先權要給哪一邊了。

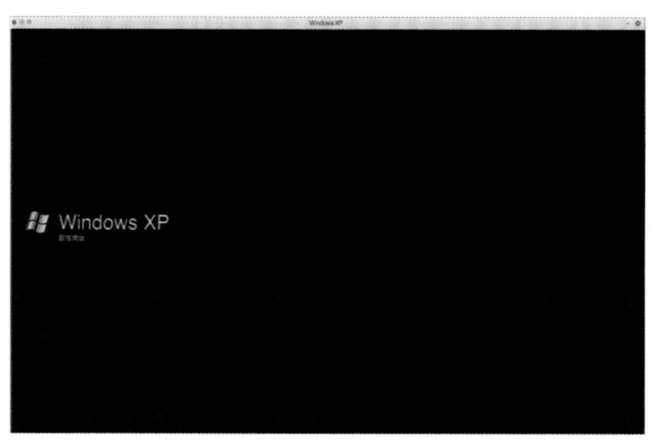

▲ 虛擬機安裝 Windows 成功畫面

全部安裝完成之後就會看到上面的畫面，只要點擊 Windows 標誌就可以啟動了。由於所有虛擬機在完成安裝 Windows 之後都還需要安裝虛擬機提供的「驅動程式」才能讓虛擬機正常運作，在首次啟動 Windows 之後虛擬機會自動安裝相關驅動，等安裝完驅動並將虛擬機重新開機之後，你的虛擬 Windows 就完成安裝可以開始用了。

由於虛擬機本身是一門高深的技術，在資訊產業上甚至可以專寫一本書來教學，限於本書篇幅我就不多作說明了，如果你對虛擬機有興趣，不妨到書店找相關書籍閱讀，或是到我的 FaceBook 粉絲團「陳寗」討論。

取用完整的電腦效能，用 BootCamp 把 Windows 灌進你的 Mac

▲ BootCamp

BootCamp 是蘋果專為安裝 Windows 所設計的輔助程式，能大幅簡化將 Windows 裝在蘋果電腦上的流程及後續的驅動程式安裝問題。BootCamp 同樣需要你自行準備正版 Windows 以供安裝，不過現在已經不需要使用光碟片了，直接用安裝映像檔與隨身碟就能讓 BootCamp 自行製作安裝碟。

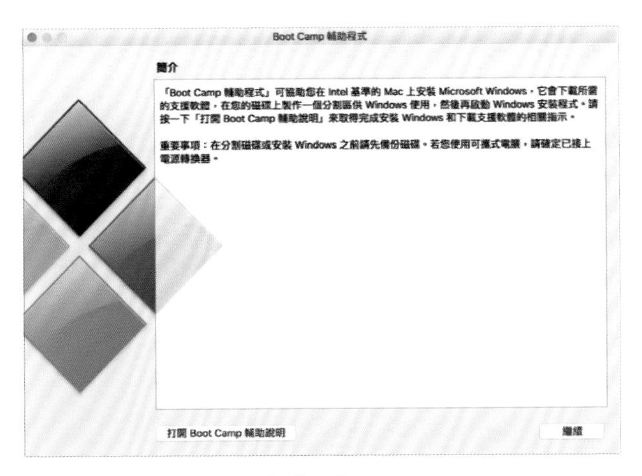

▲ BootCamp

現在的 BootCamp 安裝 Windows 跟虛擬機一樣簡單，只要先從應用程式資料夾的「工具程式」中找到「BootCamp 輔助程式」，啟動並點擊右下角的「繼續」按鈕之後就會看到如上圖的介面。接下來只要準備好安裝 Windows 的映像檔並將隨身碟插上電腦，再按下「繼續」按鈕之後，就能由 BootCamp 製作 Windows 安裝碟並自動安裝系統與驅動程式，使用非常簡單。

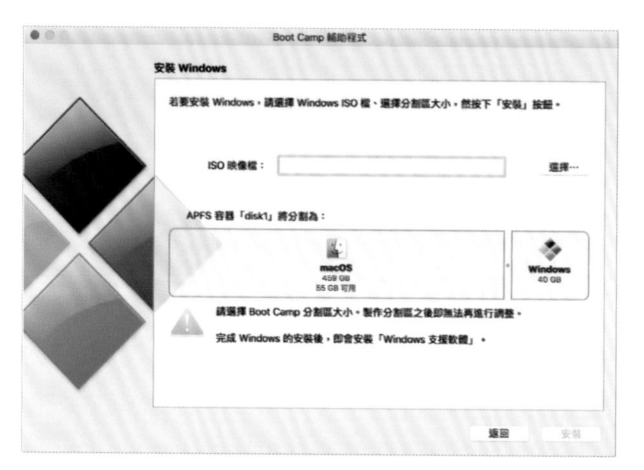

▲ 選擇 Windows 映像檔來源

BootCamp 雖然每次使用 Windows 都要重開機，無法像虛擬機與 macOS 同時使用。但 BootCamp 是原生執行於電腦上，你的電腦效能有多強，BootCamp 安裝的 Windows 就能使用多強的效能。如果你要在蘋果電腦上打電玩、或是執行 3D 繪圖程式，就必須使用這個方法來安裝 Windows。至於其他文書處理、上網應用等就直接用虛擬機就很夠用囉！

LESSON 13

管理電腦的硬碟與外接磁碟

雖然甚少有人在 macOS 分割磁碟，但遇到買了新隨身碟、記憶卡、外接硬碟、或是幫電腦裝了第二顆硬碟，你還是會需要有個工具來幫你把新儲存空間格式化。因此 macOS 提供了能用來分割 / 格式化磁碟的內建工具「磁碟工具程式」，你可以在 macOS 應用程式資料夾中的「工具程式」裡找到。

幫新的磁碟格式化，要分割也沒問題

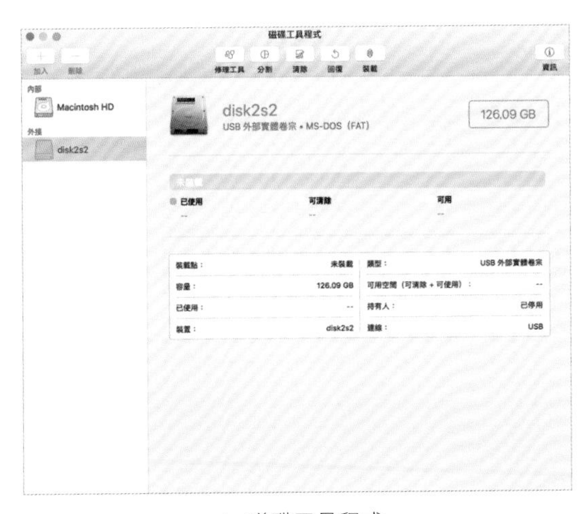

▲ 磁碟工具程式

從 OS X 10.11 El Capitan 開始，蘋果大幅簡化磁碟工具程式的功能，也使新版介面變得極為簡單。視窗左邊顯示的是所有接上電腦的磁碟，包括內建磁碟及所有外接儲存空間。點擊你要格式化的磁碟之後再點擊上方工具列中的「清除」就可以將磁碟清除並格式化成你要的磁碟格式。

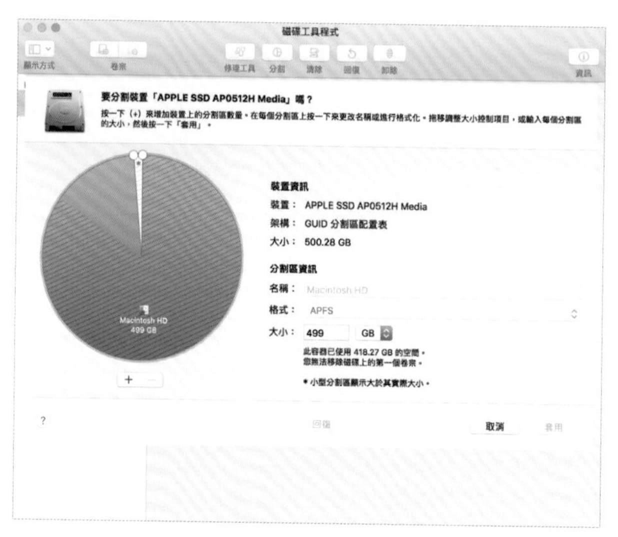

▲ 利用磁碟工具分割磁碟

如果你要分割磁碟，請先點選要分割的目標磁碟，再點擊視窗上方工具列中的「分割」。點擊之後會看到如上圖的彈出視窗，請先點擊左邊圓餅圖下方的「加號 +」增加要分割的磁區數量，接著再點擊圓餅圖上的個別磁區分別設定該磁區的容量大小、名稱等。在 macOS 上除非你選了特殊的磁碟格式，否則更改磁區名稱是不需要重新格式化磁碟的。只要在 Finder 裡點擊磁碟，再按下鍵盤的「Enter」鍵就可以幫磁區改名字了。

讓 macOS 也能讀取 Windows 格式化的隨身碟

從 macOS 開始，蘋果將電腦的磁碟格式改為相對先進的 HFS+ 並沿用至今。而 Windows 則使用自家的 NTFS 磁碟格式，由於該格式有專利保護，其他系統無法在 NTFS 磁區上寫入資料。因此 macOS 並不支援使用者將資料寫入 NTFS 格式的隨身碟，再加上 Windows 也不支援 macOS 使用的 HFS+ 格式，使得兩個系統除了 FA32 這個落後的磁碟格式之外，幾乎沒有互通的可能。

FAT32 雖然能同時讓兩個系統支援讀寫，但卻有最大單個檔案不能超過 4GB 的限制，而新一代格式 exFAT 雖然能支援超過 4GB 大檔，但卻可能發生不同系統格式化的磁碟無法在另一個系統開啟的問題，因此就我的經驗來說，還是讓 macOS 支援讀寫 NTFS 磁區會比較實際一些

安裝額外驅動程式讓 macOS 支援 NTFS

▲ NTFS 下載與購買（出處：Paragon 官網）

由於要讓 Windows 支援 HFS+ 比讓 macOS 支援 NTFS 還麻煩，且現在還是有很多人使用 Windows，除非你的隨身碟只有自己要用，否則還是格式化成 NTFS 會比較方便交換資料。macOS 上讀寫 NTFS 有很多解決方案，像是要花錢購買的 Paragon NTFS、或是免費的 NTFS-3G。不過 NTFS-3G 只支援到 OS X 10.9 Mavericks，除非你的電腦還沒更新，否則還是建議購買 Paragon NTFS 吧！這是我目前用過最順最穩定的驅動程式，而且安裝之後還能讓 macOS 擁有將磁碟格式化成 NTFS 的能力，是非常划算且簡易的選擇。

安裝 Paragon NTFS 沒什麼難度，直接從官方網站下載安裝之後再輸入購買序號啟動就完成了。比較值得注意的是 Paragon NTFS 安裝完成之後就能讓 macOS 將磁碟格式化成 NTFS 格式，只要你依照前面格式化磁碟的步驟，進入磁碟工具程式並開啟格式化介面，就會發現格式選單裡多了一個「Windows NT」，點選這個項目就能將磁碟格式化成 Windows 能讀寫的 NTFS 格式囉！

更快更先進的
蘋果全新檔案系統 APFS（Apple File System）

1998 年，適逢賈伯斯剛回到蘋果，正打算一展拳腳的時期。這時候距離改版 Mac OS X 也只剩下三年的時間，以蘋果的改版時程來說，也差不多是對系統進行大調整的時機了。這時蘋果發表了被稱為 HFS+（Hierarchical File System Plus）的檔案系統，後來除了 Mac 電腦之外，iPod 等移動裝置上也都採用這種檔案系統。二十年來，蘋果所有的裝置幾乎都用這種檔案系統來儲存檔案，除了 Linux 預設能讀取之外，在 Windows 上是無法被正常讀寫的，必須倚賴第三方軟體如 MacDrive，才能正常使用 HFS+ 的外接硬碟，與前面介紹的 Windows NTFS 情況剛好相反。

由於 HFS+ 推出時是針對當時的主流儲存介面「硬碟」所設計的，不僅沒有針對 SSD 固態儲存進行優化，許多現代軟硬體應用所需的功能特色也都一概欠奉。此外，由於許多蘋果裝置推出的時期不同，使用的技術與特性也大不相同，導致蘋果裝置名義上是使用 HFS+ 檔案系統，實際上卻是使用各種源自 HFS+ 的變體系統，不僅系統老舊落後，管理上也因為種類過多而混亂。因此蘋果期望能發展一套先進且統一的檔案系統來替換現有的 HFS+ 家族。

為了追求更高的讀寫速度並滿足現代應用所需，2017 年三月蘋果推出了全新的 APFS（Apple File System）檔案系統，並率先在 iOS 10.3 時導入 iPhone/iPad。APFS 是特別針對 SSD 固態儲存裝置優化的檔案系統，專為已經幾乎全線導入 SSD 作為主要儲存介面的 Mac 電腦設計。在 2017 年發布的 macOS 10.13，蘋果也將 APFS 作為預設的檔案系統，提供超高速複製檔案、快照恢復、磁碟加密、更強的讀寫性能與資料完整性保護等特色。

與過去轉換檔案系統時必須將整顆硬碟格式化不同，要讓使用者願意更換自己的檔案系統，蘋果必須盡可能避免使用者的麻煩：因為更換檔案系統必須將硬碟格式化清除資料。APFS 能直接從 HFS+ 轉換而不需要格式化硬碟，在 iOS 10.3 更新時蘋果就展示並實驗了這項特性。結果非常成功，使用者在更新系統時沒有感覺到差異，更新後也沒有造成什麼不良影響。到了 macOS 10.13 時，也可以在更新系統的同時將硬碟從 HFS+ 轉換為 APFS，不需要為了更新或者更換檔案系統而將電腦整台格式化重灌。在 macOS 10.13 之後，蘋果已為旗下所有產品導入 APFS，HFS+ 檔案系統雖不見得會在短時間內退出舞台，但在新電腦替換之下，HFS+ 將逐漸淡出我們的生活，告別它二十多年的工作生涯。

LESSON 14 蘋果的高貴原廠周邊

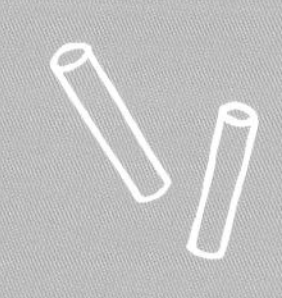

▲ 出處：蘋果官網

蘋果官方網站裡有不少蘋果原廠出品的「電腦周邊設備」，像是無線網路路由器 AirPort Extreme / Express、視訊轉接線、電源充電器，或是能讓你用來看電視、把電腦螢幕無線投影到電視上的 Apple TV 等等。這些設備在市場上一直都有非常兩極的反應，有些人認為蘋果就是要用全套所以什麼都買；有些則認為蘋果周邊只不過是印了蘋果標誌的騙錢玩意。

到底這些設備值不值得買呢？這些產品真的如同那些果黑（討厭蘋果的人，果粉的反義詞）所說，只是賣上面「那個蘋果標誌」嗎？還是真的「一分錢一分貨呢」？

最具爭議的蘋果周邊：AirPort 系列無線網路路由器

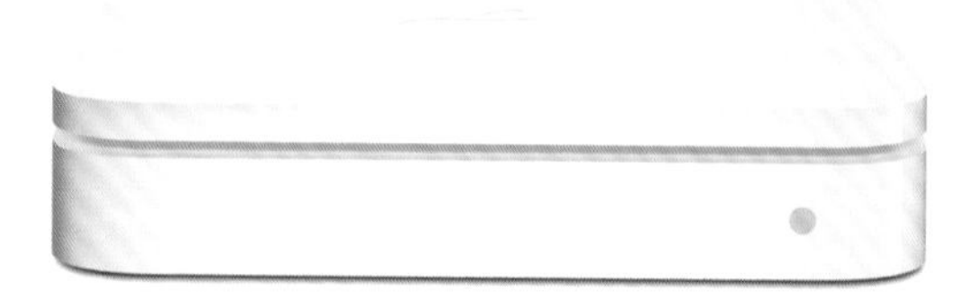

▲ Airport Extreme（出處：蘋果官方商品圖）

在我的經驗中，所有蘋果現行的周邊最具爭議的就是無線網路路由器、也就是俗稱「基地台」的 AirPort Extreme / Express（上圖為第五代 Airport Extreme）。這兩款路由器售價都遠較一般市售產品高，且由於蘋果一貫的簡潔設計讓這兩台機器都有著極為簡單、沒有任何突出天線、看起來「一點都不厲害」的外型，使得 AirPort 系列路由器一直被不瞭解的人視為「賣蘋果標誌」的騙錢商品。

世界第一台配備無線網路的電腦：Apple iBook G3

▲ 賈伯斯發表 iBook G3（出處：YouTube）

對一家非網通廠商推出的路由器感到質疑並不奇怪，但你如果知道蘋果是第一家推出配備無線網路筆電的廠商，你或許就會對蘋果改觀了。賈伯斯回歸蘋果之後，推出了擁有鮮豔果凍外觀的一體式桌機 iMac G3 與筆電 iBook G3。一直以來，大家只關注這兩台電腦的突出外表，卻甚少注意到這兩台電腦在當時的劃時代意義。其中 iBook G3 最大的特色，就是配備了非常先進的無線網路功能，當時賈伯斯在發表會上將電腦拿在手上以完全無線的姿態開啟網頁，甚至還拿了個呼拉圈來證明自己手上電腦完全沒有插線，當時博得的歡呼與掌聲完全不亞於後來發表 iPhone 的現場，足見當時無線網路帶給世人的震撼有多麼強烈。

AirPort 系列，蘋果產品的無線網路建置最佳選擇

▲ AirPort extreme（出處：蘋果官網）

既然推出了配備無線網路的筆電，以蘋果什麼東西都希望一手掌握的概念，推出屬於蘋果的無線網路路由器也就成了必要的選項。一開始蘋果推出了由他牌產品改裝而來的 AirPort Base Station，讓使用者不僅能擁有配備無線網路的筆電、也能自行架設無線網路讓這台筆電使用。從第二代開始，蘋果改為自行研發無線網路路由器，發展出 AirPort Extreme、AirPort Express、Time Capsule 三條不同的路由器產品線。

蘋果的路由器有兩大特色：第一，對於蘋果產品（包括電腦、iPhone、iPad、Apple TV）最為友善，且保證能讓蘋果產品的無線網路速度達到最高值；第二，三種路由器個別擁有實用的蘋果專屬功能如 Time Machine、印表機伺服器等，且都能互相利用無線網路延伸訊號涵蓋範圍。由於上述的兩大特色，也成為所有蘋果用家的無線網路建置首選，但三種產品的價格落差極大，因此我將三台 AirPort 的產品特色與購買建議整理給大家參考，請依照你的需求、預算來選購。

低預算的流暢無線網路建置首選：AirPort Express

▲ AirPort Express（出處：蘋果官網）

AirPort Express 是蘋果最便宜的路由器，802.11n 300Mbps 的無線端速度、只有「一個」區網乙太網路埠，都說明它只是蘋果路由器中的低階選擇。

AirPort Express 雖然規格低階，但對於蘋果產品來說卻是非常重要的存在。首先，AirPort Express 擁有 AirPlay 串流音樂的能力，能透過背後的 3.5 耳機插孔播放由任何蘋果裝置串流過來的聲音，且內置的光纖輸出還能搭配 DAC 使用以獲取更好的音質；此外，AirPort Express 除了能建立無線網路之外，也能用來延伸家中的無線網路，不管有線 / 無線延伸，都能以非常穩定的連線大幅擴展家中無線網路涵蓋範圍，要在透天厝中建立涵蓋整棟樓的無線網路也沒有問題！

另外，很多人想要用 Apple TV 串流影片卻無法取得流暢的影片、或是順暢 AirPlay 鏡像串流，這個問題的解法也很簡單，直接把家中的他牌無線網路路由器換成 AirPort Express 即可，這是低預算解決影像不順的最佳解決方案。

絕對高網速保證、最佳家庭網路中心：AirPort Extreme

▲ AirPort Extreme（出處：蘋果官網）

AirPort Extreme 是蘋果路由器中最高階的產品，會隨著當前蘋果電腦支援的最新無線網路協定（目前是 802.11ac）更新，不論對外、對內的乙太網路都是最高速的 1Gbps 傳輸埠、高效率的網路傳輸速度、再加上能保證解放蘋果電腦無線網路速度限制、不會出現一般市售路由器很難達到無線網路協定極速的問題，使得 AirPort Extreme 成為蘋果玩家選購無線網路路由器時的極佳選擇。

相對於 AirPort Express，這台高貴的路由器並不支援串流音樂的 AirPlay 功能，取而代之的是額外的 USB 傳輸埠，能用來接上印表機變成所有人都可使用的網路印表機，也能用來接上外接硬碟變成網路共享磁碟機。雖說 AirPort Extreme 背後只有一個 USB 插槽，但卻可以利用 USB Hub 集線器來擴充，即可插上印表機、外接硬碟。

蘋果電腦備份 TimeMachine 中心：Time Capsule

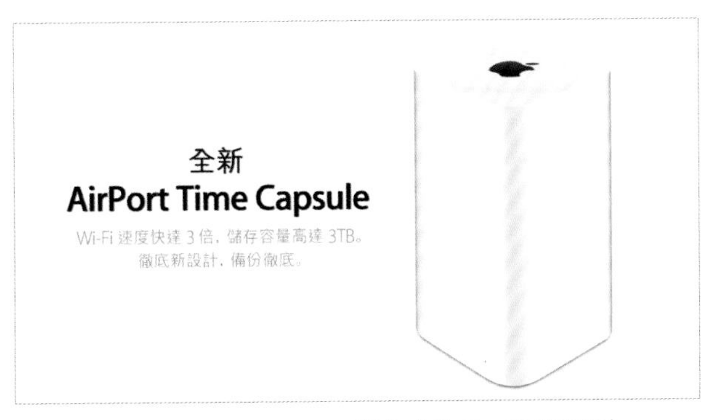

▲ AirPort Time Capsule 照片（出處：蘋果官網）

Time Capsule 跟 AirPort Extreme 是一樣的產品，只是內部多了一顆 3.5 吋硬碟，好讓家中所有蘋果電腦都可以藉由網路，利用內建的 TimeMachine 機制將電腦資料備份到到硬碟上，這也是為什麼這款產品被稱為「Time Capsule」(時光膠囊)的緣故。

不過 Time Capsule 價格高昂、散熱機制差，因此我並不推薦購買 Time Capsule 作為備份儲存媒體。如果你希望能簡單的透過網路幫電腦做 Time Machine 備份，我建議直接買 AirPort Extreme 之後再另外買顆 USB 外接硬碟來備份會比較實際些，不僅價格更低廉，也可以避免因為 Time Capsule 長時間高溫運作而縮短壽命。

家庭娛樂中心、無線投影畫面最佳解：Apple TV

▲ Pippin（出處：維基百科）

蘋果從 1990 年代開始，就一直非常努力將產品帶入「視聽娛樂」的範疇中，而不再只是一台工作用的電腦。因此推出了不管是產品或銷售量都悲劇到令人懷疑「這是蘋果產品？」的電視遊樂器 Pippin，以及現在被當成夢幻逸品的 20 週年 Macintosh（當年售價高達新台幣 20 萬元）

後來蘋果雖然為 iPod Photo（第四代 iPod）、iPod Video（第五代 iPod）推出了能連接電視播放影片的套件，但這也頂多算是將影片從手持裝置放到電視上播放的功能而已，就跟把電腦拿去插在電視上一樣，仍稱不上「蘋果的家庭娛樂」。

差點把「Apple TV」名號搞砸的第一代產品

▲ 第一代 Apple TV（出處：蘋果官方商品圖）

在 2005 年時，蘋果在 iMac G5 上發表了用於家庭娛樂的新介面「Front Raw」，讓使用者不需要滑鼠、鍵盤，就能透過蘋果電腦附贈的白色遙控器控制電腦播放音樂、照片、影片。到了 2007 年，蘋果將這漂亮的介面獨立成單一的裝置「Apple TV」，內置 40GB / 160GB 硬碟以供儲存影片。但這時的 Apple TV 必須倚賴電腦上運行的 iTunes 同步、串流才能播放影片，再加上 2007 年當時的線上隨選影片服務仍不像今天這般實用，因此初代 Apple TV 成為只有「真正的果粉」才會購買的產品。雖說後來的更新讓初代 Apple TV 能脫離電腦同步，直接從網路上租借購買 iTunes Store 的影音內容，但相對失敗的產品仍讓人不禁對蘋果進攻客廳娛樂市場的能力產生質疑。

Airplay Mirror 無線影像播送，解救 Apple TV 銷售的神奇功能

▲ Airplay Mirror（出處：蘋果官網）

蘋果在 2010 年時決定著手解決 Apple TV 的銷售貧弱問題，這一年蘋果推出了體積只有初代版本四分之一，與蘋果路由器相同尺寸與外型的第二代 Apple TV，除了完全拋棄透過電腦同步，或是在機內硬碟儲存影片等運作機制，將所有內容通通丟上網路以即時串流的形式播放。第二代 Apple TV 也新增了「AirPlay」影像串流的新功能，讓 iPhone 等 iDevices 可以直接透過無線網路將手機上的畫面投影到電視上播放，爾後的 AirPlay Mirror（鏡像）甚至將即時影像流暢度提升到足以用來玩賽車遊戲的程度，為蘋果進攻電視遊樂器市場埋下了伏筆。

接下來，蘋果在 2012 年、2015 年各更新了一次 Apple TV 所使用的處理器核心，將用在 iDevices 上的 A 系列處理器帶入 Apple TV，賦予 Apple TV 擁有更多影片串流服務，甚至運行 App 的能力。現在最新的第四代 Apple TV 不僅能用來串流 iDevices 影像（AirPlay Mirror）、播放串流影片（例如 NetFlix），甚至還能直接運行專為 Apple TV 設計的 App，例如賽車遊戲、運動教學軟體、卡拉 OK 軟體等都可以直接在 Apple TV 上運行而不需 iPhone、iPad 等裝置的輔助。此外，蘋果也開始針對 Apple TV 專用的遊戲搖桿進行 MFi 認證，讓 Apple TV 正式躍入電視遊樂器進入家庭娛樂中心的範疇，成為蘋果家庭娛樂市場的重要前鋒，不再只是蘋果產品線中可有可無的雞肋產品。

Apple TV 有兩種，我該選哪台？

▲ Apple TV 4K（出處：蘋果官網）

目前 Apple TV 有兩種型號，一個是 2017 年最新推出的 Apple TV 4K，另一個則是 2015 年推出的舊版 Apple TV。兩者的外型幾乎一模一樣，且價格也只差一千塊，那麼兩者有什麼不同呢？自 2015 年 Apple TV 更新以後，內建與 iDevices 同等級的高效能 A 系列 CPU 使得 Apple TV 也擁有直接運行 App 的功能，要在 Apple TV 上玩遊戲也不再像過去那樣需要仰賴 iPhone/iPad 等裝置用 Airplay Mirror 鏡像投影的方式來處理。不過 Apple TV 卻有個非常跟不上時代的缺陷：最高解析度僅達 FullHD。在這能用低廉價格買到 4K 電視的今天，只有 FullHD 的低解析度肯定是不符市場需求的。因此在 2017 年九月蘋果發表 iPhone 時，也同步發表了全新的 Apple TV 4K 來解決這個問題。

相較於前代 Apple TV，這次 Apple TV 4K 放入了與 iPad Pro 相同的 A10X CPU，不僅提升了 App 運行的流暢度，也增加了 4K 影片、HDR 高動態對比影片的支援，且能夠直接輸出 4K 解析度的畫面供 4K 電視播放，以符合現行影音娛樂主流標準。此外，Apple TV 4K 還有一些小更新，例如將那不合時宜的 10/100M 網路孔更新為 1Gbps 有線網路，讓影片串流等應用能更為流暢等等。至於我們該買哪種 Apple TV 呢？就我看來，僅僅 1,000 元的價差實在不值得購買還在使用舊款 CPU 的前代 Apple TV，不過如果你的 Apple TV 只是拿來 Airplay 用，那麼前一代 Apple TV、甚至是二手的前前代 Apple TV 就是很好的選擇了。另外，Apple TV 4K 有 32GB/64GB 兩種選擇，不過實際上 Apple TV 上的影片多是串流播放，因此買大容量版本也只是多了安裝 App 的空間而已。因此如果你沒有打算裝很多 App，購買小容量 32GB 版本會是較划算的選擇。

好貴好貴的 USB Type-C 視訊轉接線，但其實是市面上工作最穩定的產品

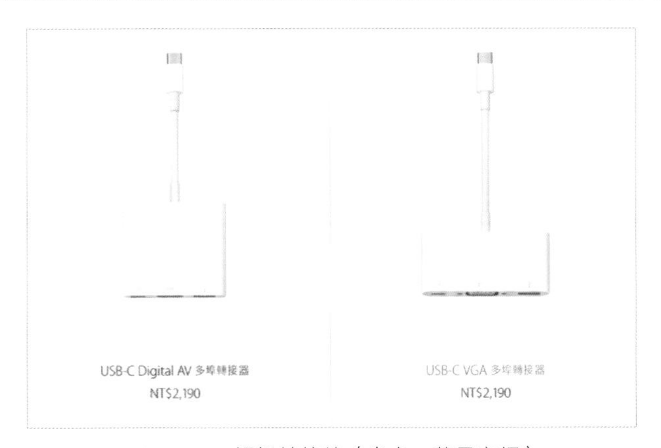

▲ Type-C 視訊轉接線（出處：蘋果官網）

有人說蘋果最喜歡賣轉接線，這句話可一點都不假。第二章中我曾說過蘋果最喜歡在自己電腦上放入自己與別人合作搞出來的特規插頭，不然就是喜歡採用一些市面上幾乎沒人在用的罕見規格。光是視訊輸出界面就經歷過能讓螢幕不用插電的 ADC 插頭、mini-DVI、mini DisplayPort、ThunderBolt 等，除了 HDMI 與 DVI 之外，蘋果幾乎就沒有好好考慮過在電腦中放入主流視訊插頭的可能性。當然我們可以理解這是因為蘋果希望讓視訊插頭更小、更多功能，不要為了一種功能放入一個巨大插座來佔空間。但這種堅持也導致蘋果電腦要連接投影機或螢幕時，都必須額外添購售價高昂的視訊轉接線，從數百到上千不等的接頭，往往讓初次購買蘋果電腦的使用者大失血。

過去蘋果轉接頭的售價大約落在新台幣七百多塊的價格帶，曾經推出相對較貴的轉接頭是 iDevices 使用的 Lightning 視訊輸出轉接頭，售價高達 NT$1650 ！不過現在這記錄被 USB Type-C 的轉接頭給打破了。這次蘋果將電腦插座轉換成 USB Type-C 形式之後，蘋果又將轉接頭的售價推向了歷史新高：NT$2190。

▲ Lightning 視訊轉接線（出處：蘋果官網）

其實蘋果的產品除了比較漂亮之外，內部的設計也是造成高單價的原因。舉例來說，前述那售價 NT$1650 的 Lightning 視訊輸出轉接頭，裡面配置了一顆專門用於視訊轉換的 ARM 處理器與相關影像處理線路，並不是普通的視訊插頭轉換那麼簡單。之所以會需要這麼複雜，是因為 Lightning 只能輸出數位影像訊號，必須透過這顆 ARM 處理器才能轉換成投影機等設備能使用的 VGA 或 HDMI 訊號。當然你可以把這歸罪於蘋果企圖賺 Lightning 的 MFi 授權費用才搞得那麼複雜，但從長期發展的觀點來看，蘋果真正希望的還是大家都用無線來傳送影像訊號，Lightning 轉接頭其實也是屈於市場需求而生的產物。蘋果在推廣新規格的初期往往因為做法過於極端而無法獲得消費者的理解，總是在推出新產品時飽受爭議，就像現在的 USB Type-C 一樣。不過今天已經有不少投影機、電視內建無線視訊傳輸的功能，許多公司學校也都開始配備 Apple TV 作為無線視訊 AirPlay 的接收器，由此可見當初蘋果的堅持也不無道理。只是在無線視訊傳送剛起步的 2012 年搞出售價超高的視訊轉接頭，我想應該是任何人都無法理解的吧？

如今蘋果在推廣 USB Type-C 上再次走向同樣的道路，超極端地將整台電腦的介面砍到只剩下 Type-C，讓你不得不添購售價高昂的 USB Type-C 轉接頭來連接那些仍未支援無線視訊傳輸的投影機與螢幕。不過 USB Type-C 的情況可不像 Lightning 那樣需要額外視訊處理器轉檔，為何還要賣那麼貴呢？其實這問題的答案有兩個：第一，現在同類產品的市場價格就是這麼貴；第二，蘋果的轉接頭工作特別穩定。

首先，目前 USB Type-C 的轉接頭只要如蘋果這般同時有視訊、USB、充電等功能，基本上售價都是直接超過新台幣兩千元，偶有低於這價位的產品，也是在大特惠促銷下的產物。這是因為目前市場上 Type-C 視訊轉換產品中，能同時滿足視訊與充電兩項功能的主板成本一直居高不下，相較於其他品牌的產品，蘋果 NT$2190 的售價反而相對便宜許多。此外，目前市場上的相關產品都還存在著工作不穩定、容易發燙的缺陷，這點從網路上許多評論中都可看到，像是插著第三方 Type-C 轉換頭時出現 USB 讀不到、視訊無法輸出，或是整個插頭變得很燙而熱當等問題層出不窮。此外，第三方 Type-C 插頭還存在著非常神秘的「拔掉充電時 USB 會斷線」問題，直到本書成書之日，這問題依然無法解決。反觀蘋果推出的 USB Type-C 視訊插頭不僅工作穩定不容易發燙，也不會有什麼拔掉充電線 USB 就會斷線的嚴重缺陷。

從這些特性來看，蘋果轉接頭雖然只有一個 USB 插孔，但不管從價格或是工作穩定性來講，還是非常值得購買的產品。順帶一提，蘋果的其他轉接線在工作上也會比第三方產品來得穩定可靠，不管是 mini DisplayPort 轉接、ThunderBolt 3 轉 2 等，蘋果產品的表現都是最好的，如果你需要購買任何蘋果裝置的轉接線材，我認為都應以蘋果原廠的產品作為第一選擇。

家庭控制中樞，你的居家音樂小夥伴：Apple HomePod

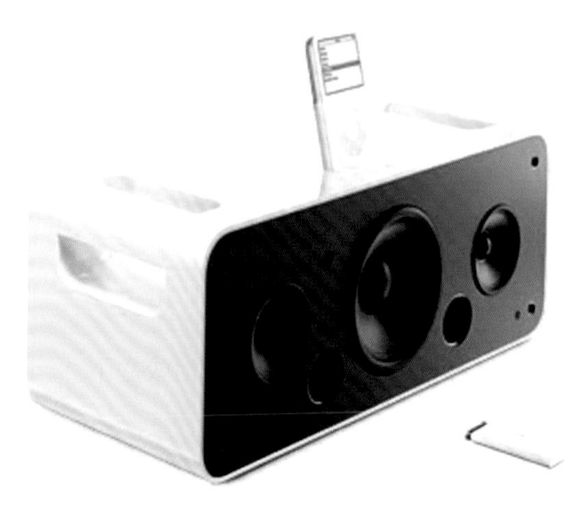

▲ iPod hifi（出處：蘋果官方商品圖）

在 2006 年，蘋果曾經推出一款專門用於 iPod 的喇叭「iPod hifi」，這是唯一一款冠有 iPod 之名但根本不是 iPod 的產品。iPod hifi 擁有當時 iPod 所用的 30pin 插頭，在那個連 iPhone 都還沒推出的年代，這就是一台完全為 iPod 播放音樂而生的產品，擁有裝電池就能工作的特性更讓它成為出外開趴的好夥伴。不過 iPod hifi 售價偏高且蘋果似乎也無意在音響上耕耘，儘管賈伯斯曾公開宣稱他自己也是音響發燒友，但這款蘋果唯一的「音響」在推出一年後就宣告停產。不過 iPod hifi 經典的外型與相對稀少的發售量，使得 iPod hifi 成為現在二手市場的寵兒，品相優良的機器更是只要一拋出就會立刻秒殺的搶手貨。

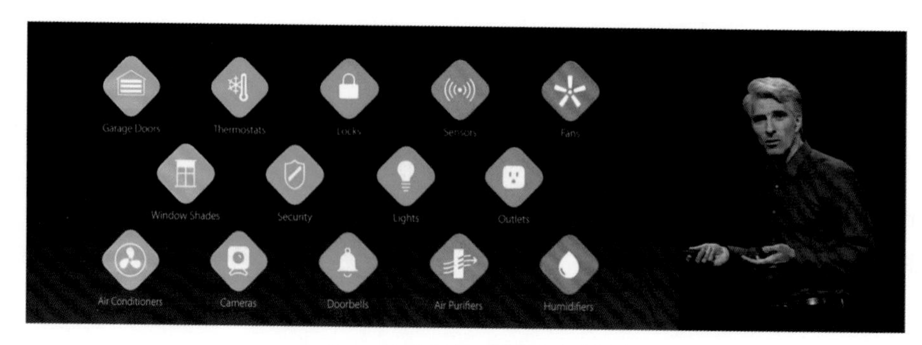

▲ HomeKit（出處：蘋果官方影片）

到了 2014 年，科技市場開始大炒 IoT 物聯網議題，蘋果當然也不甘示弱地推出了名為 HomeKit 的物聯網套件，讓開發商們可以開發相應的軟硬體應用。蘋果原先就已經有語音智慧助理 Siri，一開始只能執行簡單的 iPhone 內建功能操作，但隨著蘋果掌握更多語音辨識技術且 Siri 相關技術成熟，Siri 能做的事情也越來越多，這時讓 Siri 直接控制 HomeKit，讓使用者可以用説話來控制物聯網家電已成必然。後來蘋果在為 iPhone 加入 M 系列協同處理器後，不需按下 Home 鍵，只要大喊「嘿 Siri」就能直接喚醒 iPhone 並執行 Siri，這讓 HomeKit 得到了一個全新的使用者體驗靈感：如果做一個喇叭並內建 Siri，那不是隨時都能叫 Siri 做事並操控家裡的物聯網家電了嗎？

不過這靈感雖好，但卻被其他人搶了先。亞馬遜 Amazon 推出運行 Alexa 智慧助理的喇叭 Echo，Google 則推出 Google Home 來因應，相較之下，一定要對著 iPhone 喊「嘿 Siri」的智慧助理工作機制就顯得有點落後了。

▲ HomePod（出處：蘋果官網）

不過在 2017 年的 WWDC 上，蘋果發表了暨 iPod hifi 之後的又一喇叭作品：HomePod。這台帶有 iPod 家族名號的喇叭，一聽就知道是台跟音樂有關的產品，事實上蘋果也在這台喇叭上費盡心思，宣稱將會是市面上音樂表現最棒的智慧喇叭。不過，比起音樂播放表現，HomePo 最大的特色是內建 iDevices 處理器並運行專屬作業系統。HomePod 本身其實就是台 iDevices，雖然沒有螢幕，但不僅可以自己播放音樂，甚至還能運行 Siri 作為家庭 IoT 智慧聯網家電控制中樞，甚至為了能在嘈雜的室內環境與音樂播放聲中接收使用者的語音指令，HomePod 還配置了由六個麥克風組成的收音陣列，期能確實收到使用者在房間中任一個角落發出的語音指令。比起當年只能播放音樂的 iPod hifi，HomePod 的目標是成為整個蘋果「家庭」的控制中心。

▲ 自動偵測空間並優化播放功能（出處：蘋果官網）

比起其他品牌產品只是「播放聲音」的設計，HomePod 在設計上也確實落實了播放音樂這項重要的功能，以配合蘋果自己的 Apple Music 線上音樂串流服務。HomePod 除了本身的聲學結構設計之外，還特別加上了空間播放優化的功能，會在初次使用時自動偵測空間形狀並將 HomePod 的聲音調整到最合適的狀態。另外 HomePod 也支援多空間同步播放、兩顆 HomePod 配對成立體聲音響等特性。從家庭智慧中心來說，HomePod 不僅規格開得漂亮，原生支援 Siri 的特性也確實是蘋果用戶的最佳選擇。只是售價破萬元的設定是否能讓消費者買單，未來會不會又像 iPod hifi 那樣慘澹收場，這就得讓時間來考驗囉！

後記：永無止境的 macOS 學習之路

很多人以為買了一本 macOS 的書，認真讀完之後就能摸透蘋果。但我必須很認真的跟各位說：這是不可能的！！即便我今天寫了這本 macOS 教學書，還是時常遇到無法迅速解決的問題，並沒有因為我能出書而自動轉職為無所不包無所不解的蘋果之神，須知即便在蘋果內部也存在著好幾個月都無法解決而一直擺爛的程式錯誤，一般人又怎能說自己絕對精通 macOS 呢？

我在癮科技與自己的網站「甯可好物」上有三個與蘋果相關的專欄「蘋果急診室」、「蘋科技」、「果粉老實說」，這三個專欄分別用來寫蘋果使用教學、蘋果新聞與評測、以及抒發我對蘋果的怨氣。這三個專欄看似信手拈來，好像隨便就能寫出來一樣，但如果你認真看過之後，會發現每篇文章都有不少引經據典的蘋果故事、或是其他地方看不到的蘋果使用秘技。為什麼我會知道這麼多？就是因為我不斷的學習跟蘋果相關的知識，雖說大家並不需要像我這樣那麼瘋狂的追蘋果，但遇到問題的時候試著自己上網 Google，而不是連查都不查就把問題丟到網路上問，在這學習過程中絕對能越來越熟悉 macOS、甚至是蘋果所有產品的使用與訣竅。

這本書其實並沒有把所有 macOS 的功能都拿出來教，因為如果要那樣寫，就變成流水帳似的使用說明書，對於讀者來說除了學習跟遇到困難時用來查查之外別無用途。我在這本書中僅挑選蘋果初學者需要知道、且在網路上不容易查到的教學資料，其他的篇幅就全部用在解釋那些功能的起源、沿革等小故事上。macOS 內建的功能並非一成不變，而是會隨著系統改版而有大幅度變化，如果只是用流水帳的方式說明，下一次更新時就還要再重學一次，那不是太累了嗎？我認為唯有真正瞭解該功能的發展歷程，才有可能從根本搞懂蘋果設計該功能的用意，也才能用最直覺的方式學會操作方法。因此，與其說這是本蘋果教學書，不如說是一本蘋果故事書還更為恰當。

這本書的目的就是用看故事的方式，帶領大家從外到內認識 macOS 的基本操作與發展沿革，進而從基礎搞懂 macOS 的操作方法。至於其他更細部、更進階的功能就屬於很單純的「功能學習」範疇了，只要在網路上找找都能找到答案，我就不用寫書來浪費各位的時間了。

最後，如果你看完這本書還是有任何疑惑，或是你在 macOS / iOS 或任何蘋果產品的選購或操作上遇到問題，都歡迎到我的 FaceBook 粉絲團「陳甯」與我聯繫！我很樂意為大家解答疑惑。

14 堂蘋果達人的養成課

作　　者：陳　寗
企劃編輯：莊吳行世
文字編輯：王雅雯
設計裝幀：張寶莉
發 行 人：廖文良

發 行 所：碁峰資訊股份有限公司
地　　址：台北市南港區三重路 66 號 7 樓之 6
電　　話：(02)2788-2408
傳　　真：(02)8192-4433
網　　站：www.gotop.com.tw
書　　號：ACA021800
版　　次：2017 年 11 月初版
建議售價：NT$320

國家圖書館出版品預行編目資料

14 堂蘋果達人的養成課 / 陳寗著. -- 初版. -- 臺北市：碁峰資訊, 2017.11
面；　公分
ISBN 978-986-476-630-7(平裝)
1.作業系統
312.54　　106020280

讀者服務

- 感謝您購買碁峰圖書，如果您對本書的內容或表達上有不清楚的地方或其他建議，請至碁峰網站：「聯絡我們」\「圖書問題」留下您所購買之書籍及問題。（請註明購買書籍之書號及書名，以及問題頁數，以便能儘快為您處理）
http://www.gotop.com.tw

- 售後服務僅限書籍本身內容，若是軟、硬體問題，請您直接與軟體廠商聯絡。

- 若於購買書籍後發現有破損、缺頁、裝訂錯誤之問題，請直接將書寄回更換，並註明您的姓名、連絡電話及地址，將有專人與您連絡補寄商品。

- 歡迎至碁峰購物網
http://shopping.gotop.com.tw
選購所需產品。